W0262009

PROTOPLASMATOLOGIA
HANDBUCH
DER PROTOPLASMAFORSCHUNG

HERAUSGEGEBEN VON

L. V. HEILBRUNN UND F. WEBER

PHILADELPHIA   GRAZ

MITHERAUSGEBER

W. H. ARISZ - GRONINGEN · H. BAUER - WILHELMSHAVEN · J. BRACHET-BRUXELLES · H. G. CALLAN - ST. ANDREWS · R. COLLANDER - HELSINKI · K. DAN - TOKYO · E. FAURÉ - FREMIET - PARIS · A. FREY - WYSSLING - ZÜRICH · L. GEITLER - WIEN · K. HÖFLER - WIEN · M. H. JACOBS - PHILADELPHIA · D. MAZIA - BERKELEY · A. MONROY - PALERMO · J. RUNNSTRÖM - STOCKHOLM · W. J. SCHMIDT - GIESSEN · S. STRUGGER - MÜNSTER

BAND II

CYTOPLASMA

A

MORPHOLOGIE

1 a

CYTOPLASMASTRUKTUR IN PFLANZENZELLEN

1 b

INTRAVAKUOLÄRES PROTOPLASMA

1 c

PLASMODESMATA (Vegetable Kingdom)

WIEN

SPRINGER-VERLAG

1957

CYTOPLASMASTRUKTUR IN PFLANZEN-ZELLEN

VON

LOTTE REUTER

WIEN

MIT 27 TEXTABBILDUNGEN

INTRAVAKUOLÄRES PROTOPLASMA

VON

ERNST KÜSTER †

GIESSEN (LAHN)

MIT 7 TEXTABBILDUNGEN

PLASMODESMATA (Vegetable Kingdom)

BY

A. D. J. MEEUSE

PRETORIA

WITH 14 FIGURES

WIEN

SPRINGER-VERLAG

1957

ISBN 978-3-211-80452-0   ISBN 978-3-7091-5700-8 (eBook)
DOI 10.1007/978-3-7091-5700-8

Cytoplasmastruktur in Pflanzenzellen

Von

LOTTE REUTER

Privatdozent an der Universität Wien

Pflanzenphysiologisches Institut der Universität Wien

Mit 27 Textabbildungen

Inhaltsübersicht

                                                          Seite

I. Einleitung ... 2

II. Die Morphologie des Cytoplasmas im allgemeinen ... 6

III. Die mikroskopische Morphologie des Cytoplasmas im besonderen ... 13

  1. Der physiologische Lebensprozeß ... 13

    a) Endogene Faktoren ... 13

      Alter ... 13

      Wachstum ... 14

      Stoffwechsel ... 16

      Besondere Funktion ... 16

    b) Exogene Faktoren ... 20

      Erregungsvorgang ... 20

        Reizplasmolyse ... 21

        Vakuolenkontraktion ... 22

        Systrophe ... 22

    c) Korrelative Faktoren ... 22

      Normale Korrelationen ... 22

  2. Der pathologische Lebensprozeß ... 23

    a) Endogene Faktoren ... 23

      Natürliche Nekrobiose ... 23

    b) Exogene Faktoren ... 26

      Wirkung exogener Faktoren im besonderen ... 26

        Plasmolyse ... 27

        Laugen ... 28

        Alkalisalze ... 29

        Azidität ... 30

        Kampfer ... 30

        Belichtung ... 30

        Neutralrot ... 30

        Infektion ... 31

    c) Korrelative Faktoren 32
       Trauma 32
   3. Der künstlich beeinflußte Lebensprozeß 33
       Zentrifugenwirkung 33
       Paraffinfüllungen 34
       Mikrochirurgische Eingriffe 34
       Induktionsströme 34
IV. Zusammenfassung 34
Literatur 35

I. Einleitung

Die historische Entwicklung der schrittweisen Erforschung des lebenden Zellinhaltes in seiner Bedeutung für die verschiedensten Lebensprozesse ist wiederholt Gegenstand von zusammenfassenden Darstellungen gewesen (Möbius 1937, Aschoff, Küster und Schmidt 1938, u. a.).

Mohl (1846) hat bekanntlich die gesamte zähflüssige, vom Zellsaft scharf abgesetzte, in strömender Bewegung begriffene Inhaltsmasse der Pflanzenzelle als „Protoplasma" bezeichnet, während wir Unger (1855) die Anbahnung einer Verbindung zwischen tierischer und pflanzlicher Cytologie dadurch verdanken, daß er das pflanzliche Protoplasma mit der tierischen Sarkode im Sinne Dujardins (1841) in Parallele setzte, eine Parallele, die noch deutlicher von Cohn (1850), Schultze (1863) und Kühne (1864) gekennzeichnet wurde.

Schon relativ frühzeitig wurde, auf die Ergebnisse der fortschreitenden Entwicklung der Zellenlehre gestützt, die Notwendigkeit erkannt, eine klare Abgrenzung der einzelnen als wesentlich erkannten Bestandteile der Zelle vorzunehmen. So hat Strasburger (1882 a, b) den Begriff „Cytoplasma" geschaffen, worunter der lebende Zellinhalt unter Ausschluß von Kern und Plastiden verstanden wurde.

Im 19. Jahrhundert sind die Auffassungen und Theorien von der Morphologie des Cytoplasmas durch die folgenden Tatsachen bestimmt: Den Untersuchungen war einerseits durch die Konstruktion der zur Verfügung stehenden Mikroskope hinsichtlich der Auflösungsfähigkeit eine Grenze gesetzt, da die Untersuchungen sich notgedrungen auf die mikroskopischen Dimensionen beschränken mußten. Überdies wurden die Beobachtungen am fixierten Material und meist unter Anwendung einer besonderen Untersuchungstechnik gewonnen, so daß gegen sie im späteren Verlauf mit Recht der Vorwurf erhoben werden konnte, daß es sich bei den festgestellten Strukturen weitgehend um Artefakte handelt.

Was die Morphologie des Cytoplasmas betrifft, so hat bereits Strasburger (1876) am Cytoplasma der Zellen höherer Pflanzen eine Unterscheidung einerseits in Waben- oder Alveolarplasma, andererseits in Faden- oder Filarplasma getroffen. Strasburgers (1876) Auffassung ging dahin, daß dem Alveolarplasma eine besondere Funktion bei der Regelung der Stoffwechselvorgänge zukommt; er schlug daher für das Alveolarplasma auch die Bezeichnung Trophoplasma vor,

während das F i l a r p l a s m a eine besondere Bedeutung für Bewegungs-
vorgänge haben sollte und daher von STRASBURGER auch mit dem Namen
K i n o p l a s m a belegt wurde. HANSTEIN (1880) versuchte den im Innern
des Cytoplasmas beobachteten Differenzierungen dadurch Rechnung zu
tragen, daß er ein äußeres, zäheres H y a l o p l a s m a oder E k t o -
p l a s m a von einem inneren, leichter beweglichen, mit Mikrosomen aus-
gestatteten E n c h y l e m a oder E n d o p l a s m a unterschied.

Von seiten der Zoologie wurde ebenfalls der mikroskopischen Morphologie schon frühzeitig Interesse zugewandt. Während die älteren Forscher
das Cytoplasma als eine mehr oder weniger homogene Masse ansahen, in
deren Inneren kleinste Körnchen, die Mikrosomen, als Einschlüsse auftreten, wurden gegen das Ende des 19. Jahrhunderts die bekannten Struk-
turtheorien des Plasmas aufgestellt, denen im weiteren Verlauf der Entwicklung der Cytologie fast allgemein lediglich historisches Interesse ge-
zollt wurde. So vertraten LEYDIG (1885), HEITZMANN (1873) und FROMMANN
(1884) in der „R e t i k u l a r t h e o r i e" die Auffassung, daß das Plasma
aus einem feinen Netzwerk von Fibrillen besteht, dessen Lücken Flüssigkeit umschließen. FLEMMING (1882) unterschied in seiner „F i l a r t h e o r i e"
stärker lichtbrechende Fädchen („Mitom") von einer schwächer licht-
brechenden Zwischenmasse („Paramitom"). ALTMANN (1890) vertrat in seiner
„G r a n u l a r t h e o r i e" die Auffassung, daß die lebende Substanz aus
zahlreichen kleinsten Körnchen, den G r a n u l a, bestehe, die durch eine
i n t e r g r a n u l a r e Substanz zusammengehalten werden. BÜTSCHLI (1892)
bemühte sich mit seiner „S c h a u m- oder W a b e n t h e o r i e", gestützt
auf den Vergleich künstlich hergestellter Schäume, um den Nachweis, daß
das Cytoplasma ein Wabenwerk von H y a l o p l a s m a darstelle, in dessen Kämmerchen (Waben) Flüssigkeit, das E n c h y l e m a, sich befindet.
Für die moderne Auffassung von der mikroskopischen Morphologie des
Cytoplasmas verdienen besondere Erwähnung die Beobachtungen CRATOS
(1896), die an lebendem Pflanzenmaterial durchgeführt wurden und zur
Aufstellung einer eigenartigen Cytoplasmastrukturtheorie führten, die in
vielen Punkten große Analogie mit BÜTSCHLIS Auffassung zeigt, jedoch darin von dieser Theorie abweicht, daß nicht in der Kammerflüssigkeit ein
wichtiger lebender Bestandteil der Zelle gesehen wird, sondern nur in dem
Lamellensystem. Nach CRATO (1896) liegt der Zelle ein System zarter Lamellen zugrunde, welche schaumförmig angeordnet sind (Plastinlamellensystem, Gerüstsubstanz, mechanisches System). Die von den verschiedenen
Lamellen gebildeten Kammern, welche in den einzelnen Zellen teils von
gleicher, teils von verschiedener Größe sind, enthalten eine klare wässerige
Flüssigkeit (Kammerflüssigkeit, worunter sowohl der Zellsaft als auch das
Enchylema im Sinne BÜTSCHLIS verstanden wird). Den Lamellen eingelagert
und mit ihnen auf das engste verbunden sind bläschenartige, die Lamellen
stets „torulös" auftreibende Gebilde, die „Physoden". Der Inhalt der
Physoden besteht aus individualisierter, in den Lamellen frei beweglicher
Substanz, die Umhüllung der Physoden wird jedoch aus der Substanz der
Plastinlamellen gebildet. In derselben Weise wie die Physoden sind auch
Kern und Chromatophoren in die Plastinlamellen eingelagert.

Die angeführten Plasmastrukturtheorien, die auf Grund von Beobachtungen an fixiertem Material gewonnen wurden, wurden bereits am Ende des 19. Jahrhunderts einer scharfen Kritik, vor allem durch FISCHER (1899), unterzogen. In den dreißiger Jahren des 20. Jahrhunderts spricht KÜSTER (1938) jedoch sein Bedauern über diese „kritische, allzu kritische" Stellungnahme aus, da einige der erwähnten Theorien, so vor allem die Retikular- bzw. Filartheorie, im Anschluß an die modernen Untersuchungen der submikroskopischen Strukturen des Cytoplasmas (FREY-WYSSLING 1938, 1948, 1953) neuerdings Bedeutung gewonnen haben.

Nicht unerwähnt sollen in diesem Zusammenhang auch jene Ansichten über die Morphologie des Cytoplasmas bleiben, die danach trachteten, sich der durch die mikroskopische Technik auferlegten Einschränkung zu entledigen, auf rein spekulativem Weg über die mikroskopischen Grenzen hinauszugreifen und den Aufbau der lebenden Materie durch die Annahme der Existenz von letzten, kleinsten Elementareinheiten, wie den B i o b l a s t e n (ALTMANN 1890), den B i o p h o r e n (WEISMANN 1892), den B i o g e n e n (VERWORN 1895), den P r o t o m e r e n (HEIDENHAIN 1907) oder den V i t ü l e n (MEYER 1914) usw., zu erklären, Auffassungen, die gleichfalls in der Gegenwart durch die Annahme von Elementarduplikanten (DARLINGTON 1944, LEHMANN 1947, v. GUTTENBERG 1951, SCHMIDT 1952, MARQUARDT 1952, STRUGGER 1954) in gewissem Sinn ein Wiederaufleben feiern.

Die Entwicklung der Erforschung der Morphologie des Cytoplasmas im 20. Jahrhundert wurzelt einerseits in der Aufdeckung der Chemie der lebenden Substanz (BRÜCKE 1861, REINKE 1881 u. a.), andererseits in der Feststellung der Ähnlichkeit des Verhaltens des Cytoplasmas mit dem von Kolloiden, die durch den Nachweis erbracht wurde, daß in den Eiweißkörpern hochpolymere Verbindungen vorliegen, deren Molekeln durch vielfache periodische Wiederholung der gleichen oder einer ähnlichen Baugruppe ausgezeichnet sind und sich daher durch ihre Länge bis in den kolloidalen Bereich erstrecken (STAUDINGER und STAUDINGER 1954). Die fortschreitende Erkenntnis von charakteristischen Zustandsänderungen in kolloidalen Systemen ließ die Plasmastrukturtheorien des 19. Jahrhunderts in neuem Lichte erscheinen. Schrittweise setzte sich die Ansicht durch, daß Strukturen, wie Fäden, Körnchen, Waben, zwar vielfach im Cytoplasma auftreten können, daß es sich dabei aber nicht um die Plasmastruktur an sich handelt, sondern lediglich um bestimmte Zustände der lebenden Substanz, der eine verschiedene physiologische Bedeutung zukommen kann (RHUMBLER 1914).

Vergleiche mit den Untersuchungen des 19. Jahrhunderts ergeben für die Untersuchungen des 20. Jahrhunderts Neuorientierungen in zweifacher Richtung. Einerseits werden durch die fortschreitende technische Vervollkommnung der Methoden und Untersuchungsapparate der Cytologie (Fixier- und Färbetechnik, Dunkelfeld, Verwendung kurzwelliger Strahlen, Mikrophotographie, Phasenkontrastverfahren, Röntgendiagramm, Elektronenmikroskop, fortschreitender Ausbau der physiko-chemischen Grundlagen bestimmter cytologischer Methoden, wie etwa der Vitalfärbung und der Fluorochromierung: Aschoff, Küster und Schmidt 1938, Ardenne 1940, Köhler und Loos 1941, Köhler 1942, Zworykin, Morton, Ramberg, Hillier und Vance 1945, Strugger 1947, 1949, Borries 1949, Wyckoff 1949, Frey-Wyssling 1953) die Grenzen der Cytoplasma-Morphologie bis dorthin vorgetragen, wo sich die Aufgaben der Zellforschung mit denen der Chemie und Molekularmorphologie berühren. Der Schwerpunkt der Untersuchungen der Morphologie des Cytoplasmas verschiebt sich daher in den letzten Jahrzehnten immer mehr in den Bereich der Ermittlung der submikroskopischen Feinstruktur der lebenden Substanz (Schmidt 1934, 1937, 1941, Scarth 1927, 1942, Seifriz 1936, 1938, 1942, 1945, Frey-Wyssling 1938, 1948, 1953). Andererseits finden die cytologischen Untersuchungen vielfach auch dadurch eine weitere Vertiefung, daß die Beobachtungen innerhalb der von einer, allerdings verfeinerten Technik gezogenen Grenzen der mikroskopischen Dimensionen fortgesetzt werden, sich aber an Stelle der Untersuchung am fixierten, abgetöteten Material mehr und mehr der Untersuchung am lebenden, frischen Material zuwenden, eine Richtung, die ja auch in der von Weber (1929) ins Leben gerufenen Neuorientierung der anatomischen Forschungen zum Ausdruck kommt.

Küster (1935, 1951) ist es, dem wir die Begründung und den Ausbau der als Cytomorphologie bezeichneten Richtung verdanken, deren Ziel es vor allem ist, die mikroskopische Morphologie der Zelle und ihrer Bestandteile an der Hand der Vorgänge der normalen und der pathologischen Cytogenese zu behandeln und aufzudecken. Ernst Küster war vom Herausgeber der Protoplasmatologia dazu ausersehen worden, im Rahmen des Handbuches den Abschnitt über die mikroskopische Morphologie des Cytoplasmas in Pflanzenzellen zu verfassen [1]. Nur dem Umstand des vorzeitigen Ablebens Küsters ist es zuzuschreiben, daß mir die ehrende Aufgabe zuteil wurde, die Abfassung des vorliegenden Beitrages zu übernehmen, bei dessen Ausarbeitung ich mich von dem Gedanken leiten ließ, das behandelte Thema soweit als möglich im Sinne von Küsters Cytomorphologie darzustellen [2].

---

[1] Nicht uninteressant erscheint ein Vergleich mit der Auffassung der mikroskopischen Morphologie des Cytoplasmas, wie sie von seiten der Zoologen und auch Mediziner vertreten wird. In dem kürzlich erschienenen Handbuch der allgemeinen Pathologie (Zeiger 1955) werden dem „Gefüge des Cytoplasmas“, jenem Fragenkomplex, dem in der Darstellung der Cytomorphologie, wie sie von Botanikern gebracht wird, infolge der besonderen Verhältnisse in Pflanzenzellen in erster Linie Beachtung geschenkt wird, nur wenige Seiten gewidmet. In die Morphologie des Cytoplasmas wird aber überdies auch die Besprechung der Plasmahaut, wichtiger Cytoplasmazentren, der Mitochondrien, des Golgi-Apparates, der Mikrosomen, der Chromidien, der Cytoplasmafibrillen und des Ergastoplasmas einbezogen.

[2] Eine neue Auflage von Küsters „Pflanzenzelle“ wurde jüngst von Prof. K. Höfler bearbeitet und wird demnächst erscheinen. Ich möchte auch an dieser Stelle Herrn Professor Dr. K. Höfler herzlich dafür danken, daß er mir in freundlicher Weise die Korrekturbogen dieser Neuauflage zur Verfügung stellte, die mir bei der Ausarbeitung des vorliegenden Artikels wertvolle Hilfe leisteten.

II. Die Morphologie des Cytoplasmas im allgemeinen

Die Darstellung des kurzen historischen Überblickes über die Entwicklung in der Auffassung von der Morphologie des Cytoplasmas konnte
für die Forschung der Gegenwart einen gewissen Mißstand aufdecken, der
darin besteht, daß die Untersuchungen der Cytoplasmastruktur zwei verschiedene, mehr oder weniger stark voneinander getrennte Wege ein-
schlugen. Die eine Richtung, die sich der Erforschung der submikroskopischen Struktur des Cytoplasmas widmete, konzentriert ihr Interesse
gleichsam in einem Brennpunkt und trachtete zunächst in erster Linie danach, die statische Struktur des Cytoplasmas aufzudecken. Die zweite
Richtung, die sich der Erforschung der mikroskopischen Struktur des Cytoplasmas zuwandte, sah dagegen ihre Hauptaufgabe darin, der Dynamik
der Cytoplasmastrukturen vornehmlich Beachtung zu schenken und konnte
in kurzer Zeit eine äußerst große Mannigfaltigkeit von Tatsachen über die
ständig im Umbau begriffene Morphologie des Cytoplasmas feststellen.
Während die erste Richtung streng an einer kausalen Analyse festhält,
sieht sich die zweite Richtung bei dem gegenwärtigen Stand der Forschung
in vielen Fällen dazu genötigt, lediglich eine deskriptive Darstellung ihrer
Befunde zu geben. Bereits Nägeli (1928) und Heidenhain (1907) haben erkannt, daß die mikroskopischen Strukturen von submikroskopischen abzu-
leiten sind. Über das Wesen der Vorgänge, die die Kluft zwischen submikroskopischer und mikroskopischer Morphologie überbrücken, liegt auch
gegenwärtig noch große Ungewißheit. Auch hier ist es erst der Forschung
der Zukunft vorbehalten, einen klareren Einblick zu gewinnen.

Die Analyse der Struktur der lebenden Substanz mit Hilfe des Elek-
tronenmikroskops hat gezeigt (Frey-Wyssling 1953), daß in einer verschiedenartig gestalteten Grundsubstanz submikroskopische Partikel verteilt sind (Claude 1946, Fauré-Fremiet, Bessis und Thaureaux 1948, Lehmann 1950), die Claude mit dem Namen Mikrosomen bezeichnet hat.

Diese Mikrosomen sind kleiner als die Mitochondrien und besitzen nach
Bensley (1943) eine bestimmte chemische Zusammensetzung (Proteine,
Nukleoproteine, Flavoproteine, Lezithin u. a.). Das Vitamin A ist in ihnen
lokalisiert (Bensley 1943) und nach Jeener (1948) die Ribonukleinsäure des
Cytoplasmas. Den Mitochondrien stehen sie funktionell dadurch nahe,
daß sie nach Caspersson (1941) an der Proteinsynthese beteiligt sind.

Mit den modernen Fixierungsmethoden hat die Grundsubstanz des
Cytoplasmas auch im Elektronenmikroskop mannigfaltige strukturelle Er-
scheinungsformen erkennen lassen: eine faserige Grundsubstanz in Leber-
zellen (Claude und Fullam 1946), ein Netzwerk bei Amöbocyten (Fauré-
Fremiet und Mitarbeiter 1948), ein dreidimensionales Netzwerk bei Ciliaten
(Bretschneider 1950 a). Man ist auf Grund dieser Beobachtungen direkt
versucht, eine Parallele zu ziehen zwischen diesen, im submikroskopischen
Bereich aufgedeckten Strukturen und den oben erwähnten Beobachtungen
im mikroskopischen Bereich, die die Grundlage für die klassischen Struktur-
theorien bildeten. Auch in jüngster Zeit wird wieder von einer faserigen,
netzartigen, gekammerten oder hyalinen Grundsubstanz gesprochen. Auch

diese submikroskopischen Strukturen sind weitgehend von der Art der
Fixierung und Präparation beeinflußt. Der Frage nach dem Einfluß bestimmter Fixierungsmethoden auf die submikroskopische Struktur des
Cytoplasmas hat Bretschneider (1950 b) eine ausführliche und kritische
Untersuchung gewidmet. Frey-Wyssling (1938) hat schon im Jahre 1938
auf die Schwierigkeit der Fundierung einer Strukturtheorie des Cytoplasmas hingewiesen, die darin liegt, daß dem Cytoplasma die Eigenschaften der Fluidität, Plastizität und der Elastizität zukommen, wodurch
das Problem der größeren bzw. geringeren Stabilität der Verbindungs-
punkte des Eiweißgerüstes des Cytoplasmas (Haftpunkte Frey-Wyssling
1953) zum Kernproblem der Cytoplasmastrukturtheorien wird (Scarth
1927, 1942, Seifriz 1936, 1938, 1942, 1945, 1952, 1953, 1955 a, b. Frey-Wyssling
1938, 1948, 1953). Die große Beweg-
lichkeit dieser Haftpunkte äußert sich
vor allem in der Erscheinung der Protoplasmaströmung. Bis jetzt konnte
noch keineswegs eine befriedigende
Erklärung für den ständigen Umbau
der Haftpunkte des Cytoplasma-
gerüstes gefunden werden. Goldacre
und Lorch (1950) sprechen von einem
Falten und Entfalten der Eiweiß-
moleküle. Auf Grund von Beobachtungen von Seifriz (1937) und Kamiya

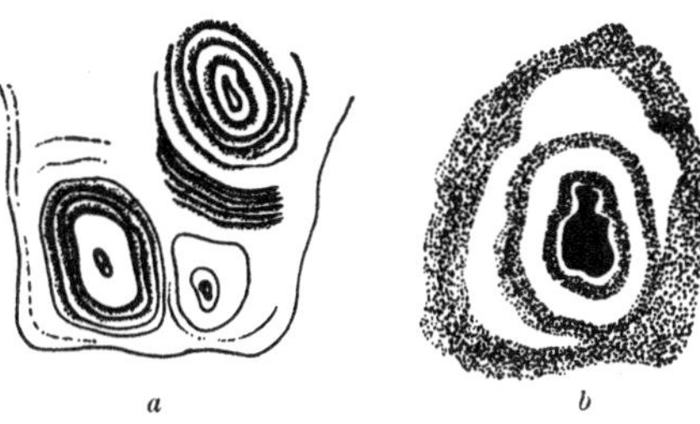

Abb. 1.   Zonenbildung in „Plasmodien" von *Phycomyces*: *a* spontan entstandene Zonen und Achat-
strukturen; *b* Zonenbildung nach Import von Platin-
mohr.
(Nach Weide aus Küster 1951.)

(1940, 1942) sind rhythmische Kontraktionen ein wesentliches Kennzeichen
des lebenden Cytoplasmas [3].

Im Zusammenhang mit dem Problem der submikroskopischen Struktur
des Cytoplasmas wurde auch in der Gegenwart neuerdings die Frage auf-
geworfen, ob die gesamte Cytoplasmamasse einer Zelle einen einheitlichen
Bau besitzt oder ob nicht vielmehr damit zu rechnen ist, daß bestimmte
Teile des Cytoplasmas, die sich bei einer mikroskopischen Beobachtung als
unterschiedlich ausweisen, auch Unterschiede im submikroskopischen Bau
besitzen. Auch die Forschung des 20. Jahrhunderts sieht sich genötigt, in
vielerlei Beziehung eine Unterscheidung in K i n o p l a s m a und M a t r i x
(Scarth 1927 b) oder in a k t i v e s P l a s m a und P a r a p l a s m a
(v. Möllendorf 1937) oder in S p o n g i o p l a s m a und E n c h y l e m a
(Monné 1942) zu treffen. Was die feinere Differenzierung dieser Plasmaschichten anlangt, so haben Berthold (1886) und später Denys (1910) aus
der Tatsache, daß an besonders geeigneten Objekten der Nachweis erbracht
werden konnte, daß bestimmte Inhaltskörper, wie Chloroplasten und
kristalloidähnliche Gebilde, auf bestimmte Schichten des Cytoplasmas beschränkt sind. auf einen Schichtenbau des Cytoplasmas im allgemeinen

---

[3] Während die submikroskopische Struktur des Cytoplasmas in Band II. A/2
eine ausführliche Behandlung findet, ist für die spezielle Besprechung der Bewegungserscheinungen des Cytoplasmas Bd. VIII. 3 der Protoplasmatologia vorgesehen.

geschlossen. Berthold (1886) spricht von „Inversionen", wenn es im Laufe der Entwicklung einer Zelle zu Änderungen der ursprünglichen, typischen Schichtfolge kommt. Zonenbildung nach Art der „Liesegangschen Ringe" wurde vor allem an Plasmodien verschiedentlich beobachtet (Balbach 1936, Weide 1939, Schorr 1939, Uragucki 1941) (Abb. 1). Geitler (1937 b) stellte bei *Pinnularia* einen regelmäßigen Wechsel von dünnflüssigen und dickflüssigen Schichten im Cytoplasma fest. Die Annahme, daß solche Cytoplasmaschichten nicht als statische Strukturen, sondern als solche, die in dauernder Umbildung begriffen sind, aufzufassen sind, hat Küster (1951) durch seine Beobachtungen über die Umwandlung von Hyaloplasma in Polioplasma nahegelegt. Nach Küster (1951) ist Polioplasma ein Hyaloplasma, das durch die Einwanderung und Einlagerung von Körnchen getrübt erscheint. Ein Objekt, an dem sich eine Umorientierung mancher Plasmaschichten besonders leicht erzielen läßt, stellen die Internodialzellen von *Chara* dar.

Was die große Änderungsfähigkeit der mikroskopischen Morphologie des lebenden Cytoplasmas betrifft, so hat Küster (1951), um die Beschreibung der einzelnen Beobachtungen übersichtlicher zu gestalten, einerseits die Ausbildung der äußeren, andererseits die der inneren Grenzflächen zur Charakterisierung bestimmter morphologisch differenter Zustände des Cytoplasmas herangezogen. Unter den äußeren Grenzflächen versteht Küster (1951) jene Umrisse, mit denen der Protoplast an die tote Umwelt (Gymnoplast) oder an die Zellwand (Dermatoplast) grenzt. Die inneren Grenzflächen des Cytoplasmas werden dagegen durch die Berührungsflächen zwischen Cytoplasma und bestimmten Einschlüssen bestimmt. Unter diesen Einschlüssen sind an erster Stelle die Zellsafträume oder Vakuolen zu nennen. Nach Küster (1951) muß daher die Cytoplasmakonfiguration in erster Linie als Ausdruck einer Wechselwirkung zwischen Cytoplasma und Zellsaft angesehen werden: von verschiedenen Seiten wurden allerdings auch Beziehungen zwischen dem Zellkern bzw. anderen, auch fremden Einschlüssen der Zelle und der Cytoplasmakonfiguration an-

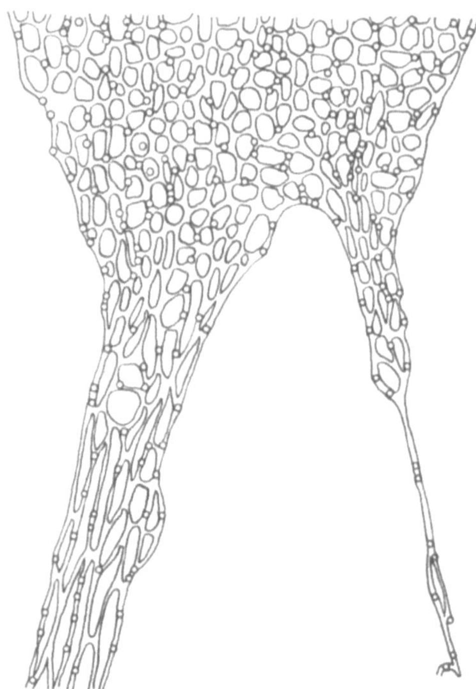

Abb. 2. *Urtica pilulifera*. Vom Kern ausgehende Stränge. In dem massigeren, den Kern einschließenden Teil stockt die Bewegung, weshalb hier die wabige Struktur gut hervortritt. In den dünneren Strängen befindet sich das Plastinlamellensystem in fließender Bewegung.
(Nach Crato 1896.)

genommen (Diehl 1935), stellt doch der Kern häufig den Ausgangspunkt
von feinen, das Lumen der Zelle durchziehenden Fäden dar. Die äußeren
Grenzflächen bestimmen die Form des Protoplasten, die inneren seine Konfiguration. Die außerordentliche Mannigfaltigkeit und Veränderlichkeit,
der diese Konfiguration des Cytoplasmas unterworfen sein kann, geht aus
einer Beschreibung Hofmeisters (1867) hervor, die sich auf eine Beobachtung
an den Staminalhaaren von *Tradescantia* bezieht: „Vorhandene Proto-
plasmastränge werden an irgendeiner Stelle dünner, reißen durch, die
Stücke werden in den Wandbelag oder in andere Stränge eingezogen.
Es treten neue Stränge aus dem Wandbelag oder neue Zweige von Strängen aus schon vorhandenen hervor. Schwach divergierende Gabelungen
eines Stranges ver-
schmelzen auf weite
Strecken, indem in
ihnen die Masse des
Protoplasmas beträcht-
lich sich anhäuft. Zwei
stark konvergierende
oder parallele Stränge
gleicher oder entgegen-
gesetzter Stromrichtung
nähern sich mehr und
mehr und verschmelzen
endlich zu einem ein-
zigen."

Interessant erscheint
ein Vergeich dieser Be-
schreibung des Wan-
dels der Cytoplasma-

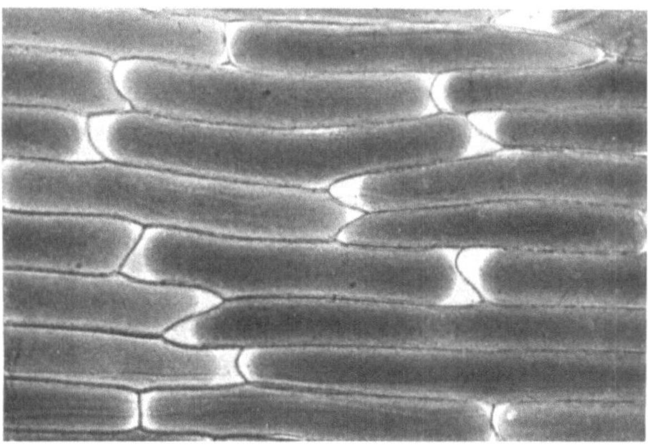

Abb. 3. Obere Epidermiszellen der Zwiebelschuppe von *Allium Cepa* nach
der Vitalfärbung ihrer Vakuolen mit Neutralrot. In allen Zellen ist eine
sehr gleichmäßige Vakuolenkontraktion eingetreten.
(Aus Strugger 1949.)

konfiguration in den Staminalhaaren von *Tradescantia* mit der Beschreibung Cratos (1896), die sich auf dasselbe Objekt bezieht und
die gefundenen Beobachtungen in Verbindung mit der oben erwähnten
„Physodentheorie" zu bringen versucht: „In dem als ‚Protoplasma' bezeichneten Gemenge läßt sich ein ebensolches Netzwerk wie z. B. bei *Urtica*
und *Bryopsis* erkennen. Auch hier ist das dem Auge als Fädenwerk er-
scheinende Gebilde als der jeweilige Durchschnitt eines kleinmaschigen
Lamellensystems anzusehen. An den in fließender Bewegung befindlichen
Teilen des Lamellensystems sind sie mehr oder weniger in die Länge ge-
streckt. Es erscheint in solchen Fällen das Plastinsystem oftmals rein
längsfibrillär. Geraten solche fließende Teile ins Stocken, z. B. wenn sie
in der Nähe des Kernes anlangen, so schieben sie sich schnell wieder zu
dem regelmäßigen Wabenwerk zusammen (Abb. 2). Das Lamellensystem
befindet sich in fließender Bewegung. Dieselbe kommt dadurch zustande.
daß die einzelnen Lamellen aneinander hingleiten. Der erste Antrieb zu
diesen Bewegungen liegt offenbar in den lebendigen Plastinlamellen
selbst. ... Die Physoden. im vorliegenden Falle bisher als ‚Mikrosomen'
bezeichnet, stellen kleine, verschieden große Bläschen dar, der Inhalt der

Physoden eine farblose oder schwach gelblich gefärbte. weiche oder flüssige
Substanz. Die Physoden können sich infolge ihres freien Bewegungs-
vermögens in derselben Lamelle bald überholen. bald in entgegengesetzter
Richtung aneinander hingleiten. Von mehreren in derselben Richtung hin-
gleitenden Physoden kann die eine oder die andere plötzlich umkehren usf. Ziemlich oft bewegen sich die Physoden entgegen der Richtung der Plastin-bewegung, und zwar nicht selten mit solcher Energie. daß sie einem ziemlich schnell fließenden Plastinsystem nicht nur die Waage halten, sondern in der von ihnen angestrebten Richtung auch noch vorwärts kommen. Am leichtesten läßt sich die freie Physoden-bewegung in den in Ruhe befindlichen Teilen des Lamellen-systems verfolgen. Auch hier gleiten die Physoden zum größten Teil hin und her. und hier läßt sich am besten beobachten, wie die Physoden von einer Masche in

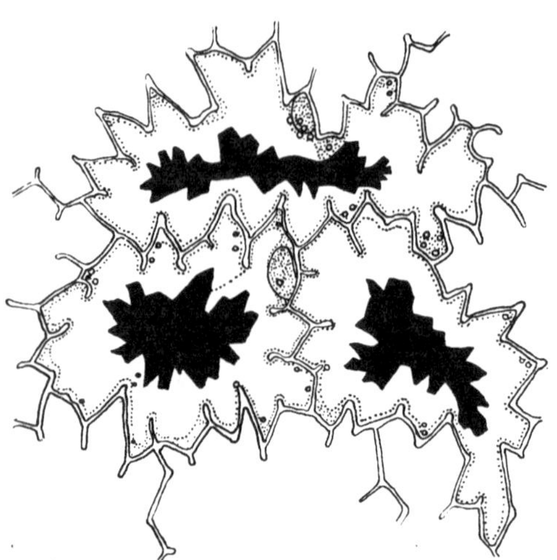

Abb. 4. „Vakuolenkontraktion" in den Mesophyllzellen
der Korolle von *Anchusa officinalis*.
(Nach GICKLHORN und WEBER 1926.)

eine andere Masche zu gleiten scheinen, wie sie sich scheinbar von einer
Masche in einen Faden begeben können und umgekehrt."

Wenn die angeführte Darstellung HOFMEISTERS (1867) ein Bild davon
gibt, wie stark und mit welcher Geschwindigkeit sich die Plasmakonfiguration im Zusammenhang
mit der Plasmaströmung
ändert. so liegt eine ganze
Reihe von cytomorphologi-
schen Beobachtungen auch
vor, bei denen Änderungen
der Cytoplasmakonfigura-
tion unabhängig von Strö-
mungserscheinungen des Cytoplasmas verlaufen. Veränderungen, die in erster Linie
die inneren Grenzflächen des
Cytoplasmas betreffen, sind

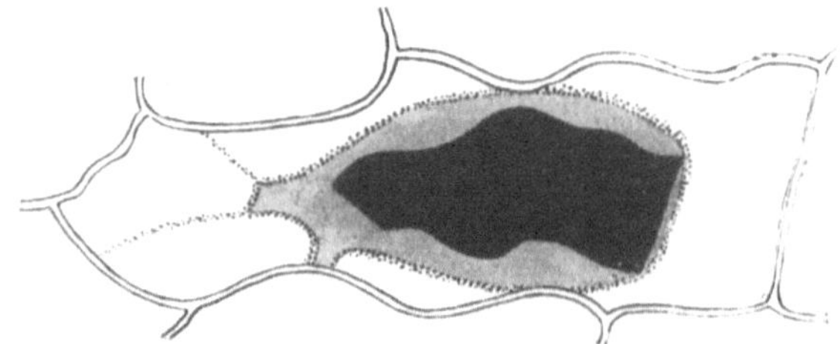

Abb. 5. *Symphytum tuberosum*. Vitalfärbung mit Neutralrot.
In der Mitte die spontan kontrahierte, primäre Vakuole dunkelrot
gefärbt (schwarz), um diese herum der sekundäre Zellsaft hellrot
gefärbt (grau). Das Cytoplasma (punktiert) nachträglich durch
Plasmolyse von der Wand abgehoben.
(Nach WEBER 1934.)

alle jene Erscheinungen, die im allgemeinen unter Entmischungserscheinungen zusammengefaßt werden. Die sogenannte „Tropfenbildung" (ARENDS
1925, LINSBAUER 1927, BEYER 1929, WEBER 1929 b u. a.) (Abb. 13, 14).
bei der das Volumen der Vakuole unverändert erhalten bleibt. wenngleich
die Gesamtvakuole in zwei oder einige wenige große Tropfen zerfällt,
steht der Aggregation (Abb. 10) (DARWIN 1876, AKERMANN 1917) nahe,

bei der der Zerfall der Vakuole äußerst intensiviert erscheint. Bei der Vakuolenkontraktion (Abb. 3) (HENNER 1934, KÜSTER 1926, WEBER 1929 b, 1930 a, b, c, 1935, 1936) bleibt die Kontinuität des Zellsaftes gewahrt, obwohl die Vakuole eine starke Verkleinerung erfährt, während sich bei der Synärese (Abb. 4, 5) (WEBER 1935, 1936, GICKLHORN und WEBER 1927) der Zellsaft in einen Gel- und einen Solanteil sondert, wobei nicht reines Wasser, sondern eine Lösung abgegeben wird. Als Folge von Entmischungsvorgängen muß auch die vakuolige bzw. körnige Degeneration des Cytoplasmas angesehen werden, bei der es im Cytoplasma zum Auftreten von mehr oder weniger großen Tröpfchen verschiedener Natur (Wasser, Fett, Schleim etc.) bzw. zum Erscheinen von Degenerationsgranula kommt. In erster Linie auf osmotisch bedingten Wasserentzug ist bei umhäuteten Zellen die Plasmolyse, bei nicht umhäuteten Zellen die Plasmorrhyse (BALBIANI 1888, PFEIFFER 1931) zurückzuführen; Vorgänge, bei denen auch die mikroskopische Morphologie des Cytoplasmas durch den Wasserentzug bedingte, charakteristische Veränderungen aufweisen kann. Gleichfalls auf osmotischen Wasserentzug reagieren viele Cytoplasmen mit einer auffallenden Konfiguration. Es handelt sich dabei um eine Zentrierung der Plasmastrangbildung, die eine gewisse räumliche, radiäre Anordnung der Plasmafäden erkennen läßt und bei der als besonderes Merkmal die Wanderung des Zellkernes in das Zentrum der Vakuole hinzutritt. Diese Erscheinung wurde von verschiedenen Seiten beschrieben und als Systrophe bezeichnet (KÜSTER 1910, 1929 a, 1935, MODER 1932, LANZ 1942 a, GERM 1932, 1933 a, b, GERM und KIETREIBER 1956). Als eine bereits pathologische Erscheinung des Plasmolysevorganges muß die Plasmoschise (STRUGGER 1931) bezeichnet werden, die dadurch zustande kommt, daß die Verbindung von Cytoplasma und Membran so fest ist, daß es bei der plasmolytischen Kontraktion zu einer Zerreißung des Cytoplasmas kommt, da die äußere Schicht an der Membran hängen bleibt. Zu den plasmolytisch oder durch andere mechanische Einwirkungen bedingten Zerreißungserscheinungen des Cytoplasmas kann auch die Foramenbildung (Abb. 6) gezählt werden, bei der im Cytoplasma kleine Foramina entstehen, die sich später stark vergrößern können (JOST 1929, KÜSTER 1933 b, 1939 a, BÜNNING 1934); bei Plasmodien von Myxomyceten treten solche Foramina auch im physiologischen Lebensprozeß auf. Unter Fensterbildung wird ein Zerreißen des lebenden Cytoplasmabelages verstanden, wobei die Vakuolenwand jedoch erhalten bleibt (HÖFLER 1932). Unter Plasmoptyse versteht man ganz allgemein das Platzen von Zellen, wobei das Cytoplasma und der Zellsaft oft explosionsartig aus der Zelle austreten. Seit HOFMEISTER (1867) wurde von verschiedenen Seiten (Lit. bei KÜSTER 1929 a, 1951) das Auftreten von sogenanntem „intravakuolären Cytoplasma" beschrieben. Es handelt sich dabei um die Erscheinung, daß Anteile des Cytoplasmas auf der Vakuolenseite sich von der Hauptmasse des Cytoplasmas ablösen und in den Zellsaftraum geraten. Gleichfalls von der Vakuolenwand ihren Ausgang nehmen die unter Plasmazungen, Plasmatentakeln, Plasmaraketen, Plasmaschleifen und Plasmabänder (KÜSTER 1926, 1929 b, HÖFLER 1934, LANZ 1940,

TOTH 1949) beschriebenen Cytoplasmagebilde, die GICKLHORN (1932) mit Myelinfiguren vergleicht, während sie von SCARTH (1927) und MANGENOT (1929 c) für abgerissene Plasmastränge gehalten werden.

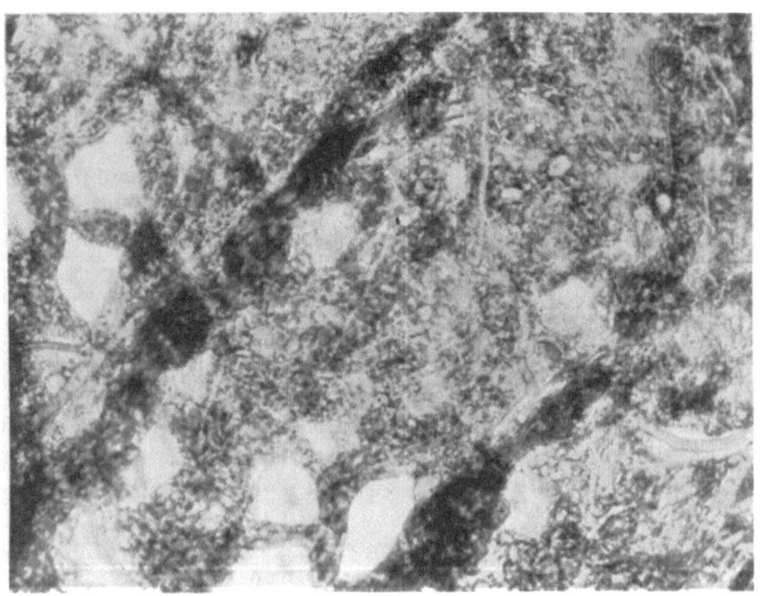

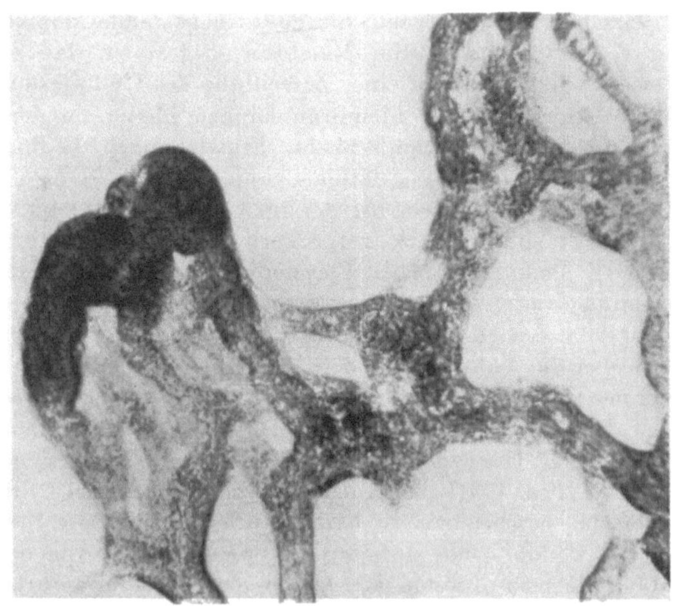

Abb. 6. Foramina in der Protoplasmaplatte eines Gymnoplasten. Plasmodium von *Didymium difforme. a* Erste Anfänge der Lochbildung; *b* weitmaschige Zonen eines Plasmodiums.
(Nach KÜSTER 1951.)

Die folgende Darstellung beabsichtigt lediglich, einen kurzen Überblick über die Wandlungsfähigkeit der mikroskopischen Struktur des Cytoplasmas zu geben, an der Hand der Beschreibung von morphologischen Verhältnissen, die für bestimmte physiologische wie auch pathologische Zustände des Cytoplasmas kennzeichnend sind, zumal da für die meisten der angeführten Kapitel eine weitere ausführlichere Darstellung im Gesamtrahmen der Protoplasmatologia vorgesehen ist.

III. Die mikroskopische Morphologie des Cytoplasmas im besonderen

Auf Grund des vorliegenden Beobachtungsmaterials erschien es vorteilhaft, bei der Darstellung der mikroskopischen Morphologie des Cytoplasmas eine Gliederung von drei Gesichtspunkten aus zu treffen. Einerseits liegen zur Charakterisierung der für p h y s i o l o g i s c h e Prozesse kennzeichnenden Cytoplasma-Morphologie eine ganze Reihe von Beobachtungen vor, andererseits wurde aber auch eine Anzahl von Besonderheiten hinsichtlich der Cytoplasma-Morphologie aufgedeckt, die p a t h o l o g i s c h e Vorgänge innerhalb der Zelle charakterisieren. Schließlich soll ein 3. Abschnitt denjenigen Erscheinungen in der Zelle gewidmet sein, die sich nach k ü n s t l i c h e n E i n g r i f f e n in den morphologischen Eigenschaften des Cytoplasmas der betreffenden Zellen manifestieren. Die physiologischen wie auch die pathologischen Prozesse gestatten überdies eine weitere Gliederung in je drei Teilabschnitte, da einerseits e n d o g e n e n wie auch e x o g e n e n Faktoren, andererseits k o r r e l a t i v e n Faktoren bestimmte Einflüsse auf die beobachteten Erscheinungen zugeschrieben werden müssen.

1. Der physiologische Lebensprozeß

a) Endogene Faktoren

Alter: Die ursprüngliche Auffassung, daß embryonale Zellen frei von Vakuolen sind, hat sich schon fruhzeitig als irrig erwiesen. Schon WENT (1888), HOF (1898), ZIRKLE (1932), GUILLIERMOND, MANGENOT und PLANTEFOL (1933), GUILLIERMOND-ATKINSON (1941) und DANGEARD (1947) konnten zeigen, daß auch die Zellen der Meristeme Vakuolen enthalten. ZIRKLE (1932) hat die Entwicklung dieser anfangs kugeligen Vakuolen weiter verfolgt und dabei eine Wechselwirkung zwischen Cytoplasma und Vakuolen festgestellt. Nach ZIRKLE (1932) ist es die Plasmaströmung, die auf mechanischem Wege die Umwandlung der ursprünglich kugeligen Vakuole in kanal- oder netzartige Gebilde verursacht. Die Cytoplasmakonfiguration zeigt bei fortschreitender Entwicklung schrittweise Veränderungen, die schließlich in den meisten Fällen bei ausgewachsenen Zellen dazu führen, daß ein ansehnlicher Zellsaftraum vorhanden ist, den ein Cytoplasmaschlauch umgibt. Dieser Cytoplasmaschlauch zeigt in vielen Fällen eine ungefähr gleichmäßige Dicke; häufig weist er auch unregelmäßige, reliefartige, knotige Verdickungen auf und läßt oft verschiedenartige, ineinander übergehende Formen beobachten. Die Konfiguration des Cytoplasmas ausgewachsener Zellen weist dadurch eine starke Bereicherung auf, daß der Zellsaftraum häufig von Plasmafäden oder Lamellen durchzogen erscheint (Berthold 1886, Crato 1896, Zimmermann 1922, Lepeschkin 1925, Philipps 1926, Schrödter 1926, Mangenot 1929 a, b, Dammann 1932, Celan 1939, 1941, Lanz 1940, Küster 1951). Das fortschreitende Altern einer Zelle äußert sich in ihrer Cytoplasmakonfiguration im Sinne einer Vereinfachung und Reduktion; das Cytoplasma ist schließlich nur noch als schmächtiger Wandbelag vorhanden. Für besondere Zelltypen, wie die Zellen der anthocyanblauen Perianthblätter der B o r r a g i n a c e e n, wurde von Gicklhorn und Weber (1927) wie auch von Küster (1929 a) als Symptom des physiologischen Alterns die Erscheinung der Vakuolenkontraktion beschrieben.

Einen auffallenden Fall für den Wandel der Plasmakonfiguration mit fortschreitendem Altern hat jüngst Küster (1952) an *Chaetomorpha* beschrieben. Mit fortschreitendem Altern sammelt sich der weitaus größte Teil des lebendigen Inhalts am basalen Ende der Zelle

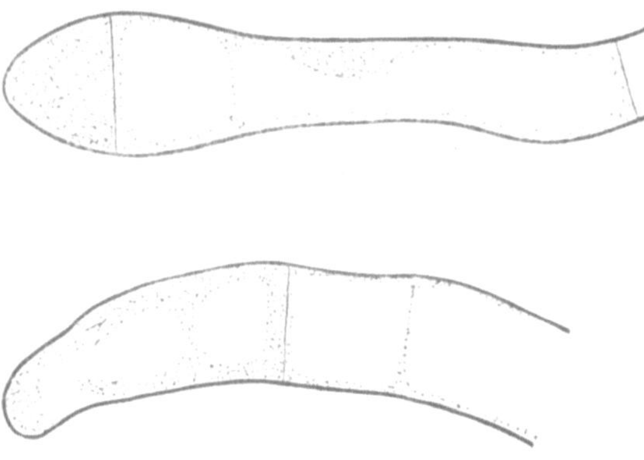

Abb. 7. Vakuolenfreie und vakuolenhaltige Scheitelzellen: Rhizoid von *Ceramium Deslongchampii*.
(Nach Küster 1951.)

an, während die Vakuole nach der Spitze zu verlagert erscheint. Für diese Verlagerungen müssen wohl Polaritätseigenschaften der Zellen mitverantwortlich gemacht werden. Die Zellen bleiben trotz der geschilderten abnormen Plasmakonfiguration teilungsfähig.

Wachstum: Zellen, die sich in jenem Wachstumsstadium befinden, das von Sachs (1874) als assimilatorisches oder embryonales Wachstum und von Raciborski (1896) als meristisches Wachstum bezeichnet wurde, also Zellen wie etwa die Kambiumzellen sind nach Bailey (1930) durch das Auftreten von kleinen, fadenförmigen, längsorientierten Vakuolen innerhalb des Cytoplasmas, das den großen Zellsaftraum umgibt, gekennzeichnet: das Cytoplasma zeigt daher vielfach eine mehr oder weniger grobschaumige Konfiguration. — Auch an anderen Objekten, wie den Scheitelzellen vieler Kryptogamen, konnte Went (1888) zeigen, daß Zellen im Stadium des embryonalen Wachstums keineswegs frei von Vakuolen sind (Abb. 7). Went (1888) fand, daß in Fällen, in denen relativ große Scheitelzellen vorliegen, ein oder auch mehrere Zellsafträume zu beobachten sind, während bei kleinen Scheitelzellen Zellsafträume meistens fehlen (Abb. 7). Als Ausdruck einer besonderen Beschaffenheit der äußeren Grenzflächen des Cytoplasmas meristematischer Zellen ist auch die für solche Zellen charakteristische konvexe Plasmolyseform anzusehen, die von Strugger

(1934) beschrieben wurde. — Der Zustand des Streckungswachstums (SACHS 1873), der vornehmlich durch reichliche Wasseraufnahme und starke Eiweißvermehrung (FREY-WYSSLING und PLANK 1940) gekennzeichnet ist, läßt hinsichtlich der Konfiguration des Cytoplasmas starke Umstellungen erwarten. Als Ausdruck dieser Veränderungen sind auch die Ergebnisse STRUGGERS (1934) über die Plasmolyseform der Zellen der Streckungszone zu werten, die für Zellen dieses physiologischen Zustandes konvexe bis krampfartige Plasmolysebilder feststellten (Abb. 19). Von BORRIES (1938) wurde dagegen Einspruch erhoben, daß den Befunden STRUGGERS (1934) allgemeine Gültigkeit zukommt. RUGE (1937) bringt die Ausbildung der sogenannten positiven Plasmolyseorte, jene Stellen, an denen die Ablösung des Protoplasten von der Wand leicht und rasch erfolgt, mit den Stellen der Wuchs-stoffleitung in Verbindung. Nach RUGE (1937) entstehen in Zellen mit Längenwachstum, bei denen eine Längsleitung der Wuchsstoffe stattfindet, an den Längswänden positive Plasmolyseorte, während bei Breitenwachstum und Querleitung die positiven Plasmolyseorte in den Zylindergrundflächen der Zellen zu finden sind. An dieser Stelle sei auch eine weitere besondere Form des Wachstums erwähnt, das sogenannte Schrittwachstum, wie es von DAVIS (1894) und ZIMMER-MANN (1925) für verschiedene Algen beschrieben wurde

Abb. 8. Schritt-wachstum: *Prasinocladus lubricus.* (Nach ZIMMER-MANN aus KÜSTER 1951.)

(Abb. 8, 9). Dieses Schrittwachstum besteht darin, daß innerhalb bestimm-ter Zeitintervalle sich das Cytoplasma im apikalen Teil der Zelle zu-sammenzieht und sich gegen den basalen Teil der Zelle durch die Bildung einer Querwand absetzt (Abb. 8, 9). Dieses Schrittwachstum erscheint um

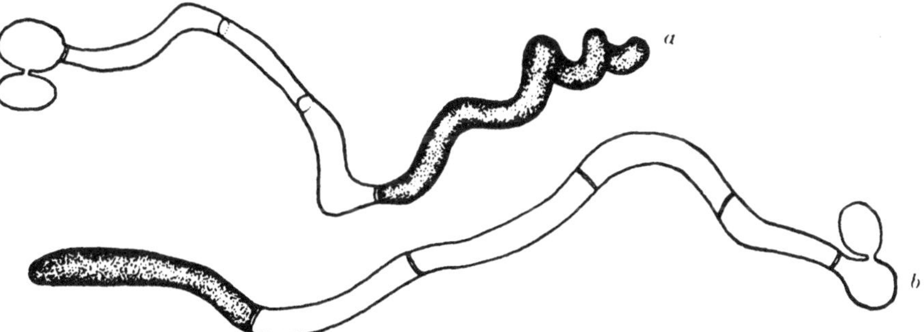

Abb. 9. Schrittwachstum: *Taphrina Klebahni*; Keimschläuche, der obere mit schraubig geformter Spitze. (Nach WIEBEN aus KÜSTER 1951.)

so interessanter, wenn es in Verbindung mit der Auffassung von SEIFRIZ (1937) und KAMIYA (1940, 1942) über rhythmische Kontraktionen der leben-den Substanz gesehen wird. Ein Problem, das großes Interesse von seiten der Cytomorphologie verdient, sind die Abrundungsvorgänge, die zur Aus-bildung der Fortpflanzungszellen von Algen führen (*Oedogonium* u. a.). Überall dort, wo das Cytoplasma in eine oder mehrere Fortpflanzungszellen zerfällt, sind Kontraktionen der lebenden Substanz mitbeteiligt.

An dieser Stelle sei auch kurz auf jene Beobachtungen hingewiesen, die an dazu besonders geeigneten Objekten, wie *Bryopsis* (Noll 1903) und *Caulerpa* (Janse 1906, 1910), gewonnen wurden und dafür sprechen, daß einerseits „somatisches Cytoplasma" der ausgewachsenen Teile, andererseits das „embryonale Cytoplasma" der Vegetationspunkte ineinander übergehen können. Diese Verwandlung beider Plasmaarten geht nach Noll (1903) unter dem Einfluß von Reizen vor sich, die von dem wachsenden Scheitel selbst ausgeübt werden.

Stoffwechsel: Daß Stoffwechselvorgänge einen entscheidenden Einfluß auf die Cytoplasmakonfiguration besitzen können, geht aus der lange bekannten Erscheinung der Aggregation in den Tentakelzellen von *Drosera* hervor (Abb. 10). Nach Fütterung der Blätter tritt in den Zellen eine Kammerung des Zellsaftes ein, so daß die einheitliche Vakuole in eine mehr oder weniger große Zahl von Teilvakuolen zerlegt wird. Diese Teilvakuolen können verschiedene Gestalt besitzen; häufig erscheinen sie als langgestreckte, strang- oder wurmähnliche Gebilde (Darwin 1876, Akermann 1917, Dufrénoy 1927, Küster 1929 a). Coelingh (1929) konnte zeigen, daß ähnliche Aggregationserscheinungen sich auch in anderen Zellen von *Drosera* verfolgen lassen. Die

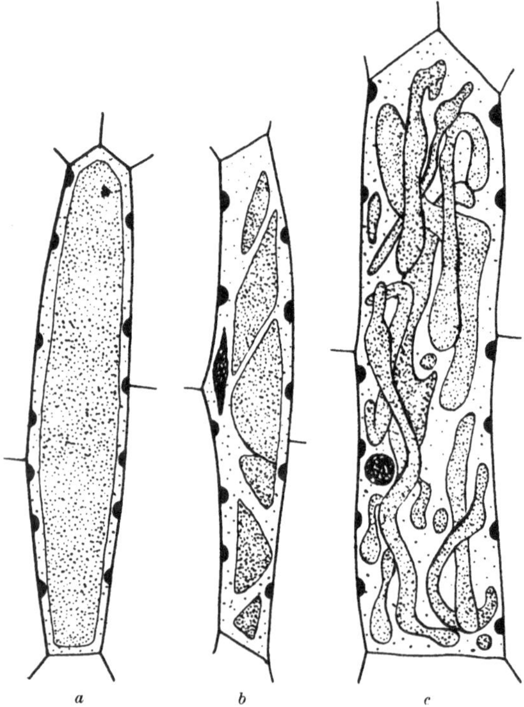

Abb. 10. Die Aggregation in den Epidermiszellen der Tentakeln von *Drosera rotundifolia: a* ungereizte Zelle, *b* Beginn der Vakuolenzerklüftung, *c* Höhepunkt der Vakuolenzerklüftung.
(Nach Akermann aus Strugger 1949.)

bei der Aggregation entstandenen kleinen Vakuolen befinden sich in ständiger Bewegung und Formveränderung. Küster (1951) gibt eine Reihe von Beispielen dafür an, daß Hunger eine Vereinfachung der Cytoplasmakonfiguration zur Folge hat. Schon Schimper (1882) hat den Unterschied zwischen gut und schlecht ernährten Zellen der Insektivoren (*Sarracenia* und *Drosera*) beschrieben. Bei gut ernährten Blättern liegt der Zellsaft in zwei oder mehreren Zellsafttropfen in jeder Zelle vor, während bei schlecht ernährten Blättern eine einzige Vakuole einen größeren Anteil der Zelle einnimmt.

Besondere Funktion: Wenn es auch bis jetzt noch nicht möglich gewesen ist, eine klare Beziehung zwischen Cytoplasmakonfiguration und bestimmten funktionellen Leistungen einer Zelle nachzuweisen, so erscheint es doch angezeigt, einige spezielle Fälle besonders anzuführen, in denen ganz charakteristische Cytoplasmakonfigurationen vorliegen.

T r i c h o m e : Trichome sind im allgemeinen durch einen ganz besonderen Reichtum und eine äußerst große Mannigfaltigkeit ihrer Cytoplasmakonfiguration ausgezeichnet. Das mikroskopische Bild, das viele Trichome liefern, wird dadurch besonders abwechslungsreich, daß die Cytoplasmakonfiguration keineswegs fixiert erscheint, sondern dauernden Veränderungen unterworfen ist, die mit der in solchen Zellen häufig zu beobachtenden Cytoplasmaströmung in Verbindung stehen. Der Einfluß der Strömungen des Plasmas auf seine Konfiguration ist wiederholt beobachtet worden: strömendes Plasma kann zur Verlegung der Vakuolen, aber auch zur Fusion von Vakuolen führen (CAZALAS 1930). EIBL (1941) konnte überdies zeigen, daß durch die Plasmaströmung sogar Plastiden deformiert und zungenförmig ausgezogen werden können. Besonders gut bekannte und oft beschriebene Objekte stellen in dieser Hinsicht die Haare von *Cucurbita* (Abb. 11) und *Urtica* (Abb. 12) bzw. die Staubfadenhaare von

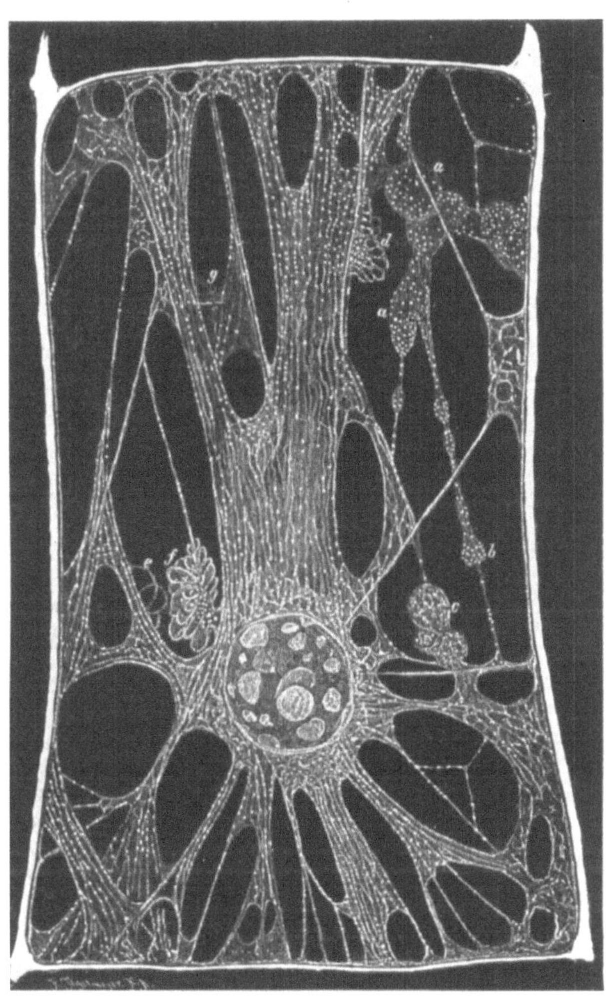

Abb. 11. Plasmastränge und Plasmasegel; Haar von *Cucurbita*. Das Lumen der Zelle ist von zahlreichen zarten und derben Plasmasträngen durchzogen; der Wandbelag ist sehr dünn; die Zelle zeigt hinsichtlich ihrer Plasmakonfiguration keine Polarität; bei *a* und *b* rundliche Plasmatropfen, bei *c—f* alveoläre Plasmamassen, bei *g* segelartig gespannte Plasmahaut.
(Nach HEIDENHAIN aus KÜSTER 1951.)

Tradescantia (HOFMEISTER 1867) dar. Die Drüsenköpfchen mancher *Geranium*-Arten liefern durch das Auftreten vieler kleiner kugeliger perlenartiger Vakuolen ein ganz besonders charakteristisches Bild ihrer Cytoplasmakonfiguration (KÜSTER 1951). Für viele Trichome wird überdies eine deutlich ausgeprägte Polarität hinsichtlich ihrer Cytoplasmakonfiguration beschrieben. DUFRÉNOY (1930) hat für Trichome vielfach eine grobschaumige Konfiguration ihres Cytoplasmas nachweisen können und Pekarek (1929 a, b) konnte mit Hilfe von Neutralrotfärbung an Nektarien von *Vicia faba* eine Speicherung des Farbstoffes an distinkten Körpern von kugelförmiger Gestalt innerhalb der Zelle verfolgen (Abb. 13). Goncalves (1938) wies an den Nektarien von *Ricinus communis* nach, daß in Verbindung mit der einsetzenden Sekretion eine Verlagerung und eine Größenzunahme der Vakuole erfolgt. Colla (1943) beobachtete eine Vakuolenzerklüftung (Aggregation) in den nektarliefernden Zellen von *Dyckia* während der Sekretion.

Pilzhyphen, Wurzelhaare, Pollenschläuche: Eine ähnliche Polarität der Cytoplasmakonfiguration wie in Trichomen, die darin zum Ausdruck kommt, daß einem cytoplasmareichen Pol ein cytoplasmaarmer Pol gegenübersteht, findet sich außer in Trichomen häufig in Pilzhyphen, Wurzelhaaren, Pollenschläuchen und wurde auch an Siphoneen usw. beobachtet.

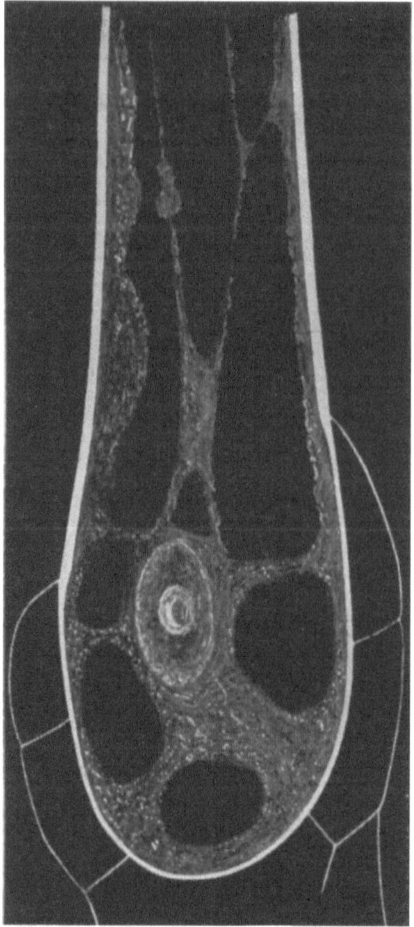

Abb. 12. Plasmastränge und starker Wandbelag; unterer Teil des Brennhaares von *Urtica dioica*; der Zellenleib ist insofern polarisiert, als er stets unten den Kern aufweist und reichlichere Plasmabeläge als oben; der wandständige Belag ist stellenweise sehr mächtig.
(Aus Küster 1935.)

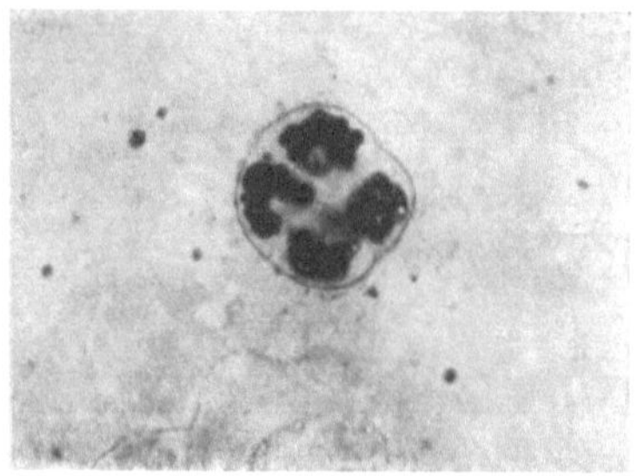

Abb. 13. Elektive Vitalfärbung der Drüsenhaare der Blattunterseite von *Rumex patientia* mit Neutralrot.
(Aus Strugger 1949.)

Leitgewebe: Daß langgestreckte Zellen, vor allem des Leitgewebes, bei höheren Pflanzen wie auch bei Rot- und Braunalgen meist eine grobschaumige Plasmakonfiguration zeigen, konnte Dufrénoy (1930) und Mangenot (1929 a) nachweisen. Für Siebröhren (*Cucurbita*) hat Salmon (1939) ein wechselndes Bild der Plasmakonfiguration beschrieben, da bald das eine, bald das andere Ende besonders reichlich mit Cytoplasma ausgestattet erscheint.

Schließzellen: Eine besondere Cytoplasmakonfiguration dürfte auch den Schließzellen zukommen, wie aus den Beobachtungen über Entmischungserscheinungen in Schließzellen (Vakuolenkontraktion, Tropfenbildung und Aggregation) unter der Einwirkung einer Neutralrotlösung (WEBER 1929 b, 1930) hervorgeht (Abb. 14). Die für offene bzw. geschlossene Stomata charakteristische Plasmolyseform in Schließzellen (Abb. 15) ist lange bekannt (WEBER 1925).

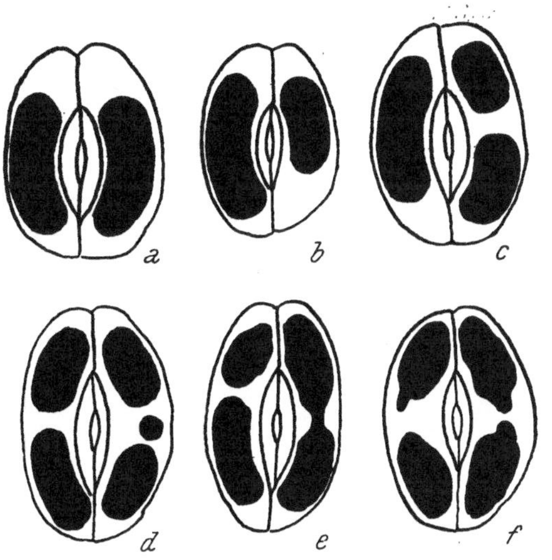

Deckelzellen: REUTER (1937) hat an den Deckelzellen der Öldrüsen von *Rutaceen* eine grobschaumige Cytoplasmakonfiguration beobachtet, wodurch sich diese Zellen deutlich von den übrigen Epidermiszellen unterscheiden (Abb. 16).

Anthocyanführende Zellen: Anläßlich seiner Untersuchungen über die Systrophe des Cytoplasmas, die aktive Zusammenballung des Cytoplasmas um den Zellkern, die einen echten vitalen Reizvorgang darstellt, konnte GERM (1932) den Nachweis erbringen, daß anthocyanführende Zellen wie Epidermiszellen stets williger reagieren, was gleichfalls für Unterschiede zwischen Epidermis- und Parenchymzellen hinsichtlich der Konfiguration ihres Cytoplasmas spricht.

Raphidenzellen: MOLISCH (1917) beschreibt für die Raphidenzellen der Orchideengattungen *Haemaria* und *Anoectochilus* eine ganz charakteristische Plasmakonfiguration. Diese Zellen besitzen nicht einen mehr oder weniger homogenen Plasmaschlauch, sondern das Plasma bildet einen der Zellwand dicht anliegenden einschichtigen Saum von relativ großen Kammern oder Vakuolen. Das Plasma erscheint daher in der Vollansicht als ein zierliches großmaschiges Netz, als ein Mosaik und in der Seitenansicht, z. B. im Querschnitt der Zelle, als ein gekammerter Schlauch. Nach MOLISCH (1917) handelt es sich hier nicht um einen labilen, wabigen Bau im Sinne

Abb. 14. Stomata von *Rumex acetosa*. Vitalfärbung mit Neutralrot. Vakuolenkontraktion verschiedenen Grades, *a* und *b* Vakuole nicht zerteilt; *c—f* Vakuole in zwei oder mehrere Teile zerteilt.
(Nach WEBER 1930.)

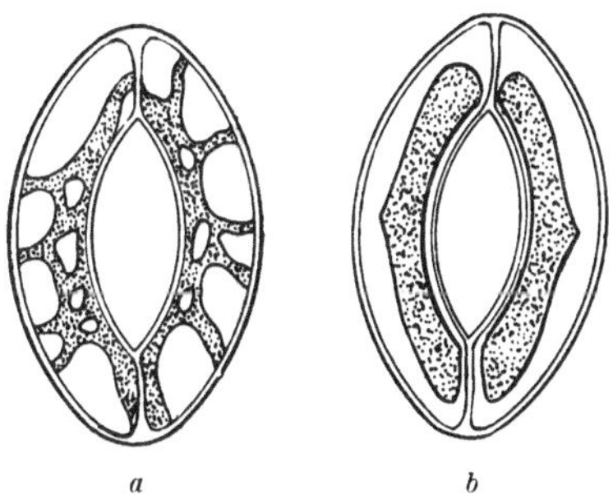

Abb. 15. *a*) Spaltöffnung vor der Plasmolyse geschlossen. Plasmolyse in 40%igem Rohrzucker. Konvexe Plasmolyseform. Plasmolysesorte gesetzmäßig verteilt. *b*) Spaltöffnung vor der Plasmolyse weit offen. Plasmolyse in 40%igem Rohrzucker. Krampfplasmolyse.
(Nach WEBER 1925.)

von Bütschli, sondern um einen stabilen, dauernden Bestandteil der Zelle, wie es in dieser Art bisher in Zellen höherer Pflanzen nur bei den als Salep beschriebenen Knollen von *Orchis* und *Ophrys* beobachtet worden ist. Molisch (1917) konnte zeigen, daß durch Behandlung mit 10%iger Sodalösung oder konzentrierter alkoholischer Natronlauge die polygonalen Vakuolen des Mosaiks isoliert werden können, was für einen hohen Grad von Selbständigkeit der einzelnen Kammern des Plasmaschlauches spricht.

Cyanophyceen: Die Erscheinung der Kerotomie, die der Vakuolisation nahesteht, aber einen reversiblen Prozeß darstellt, soll nach Geitler (1925), Drawert (1949), Becker und Beckerowa (1936/37) für Cyanophyceen charakteristisch sein (Abb. 17).

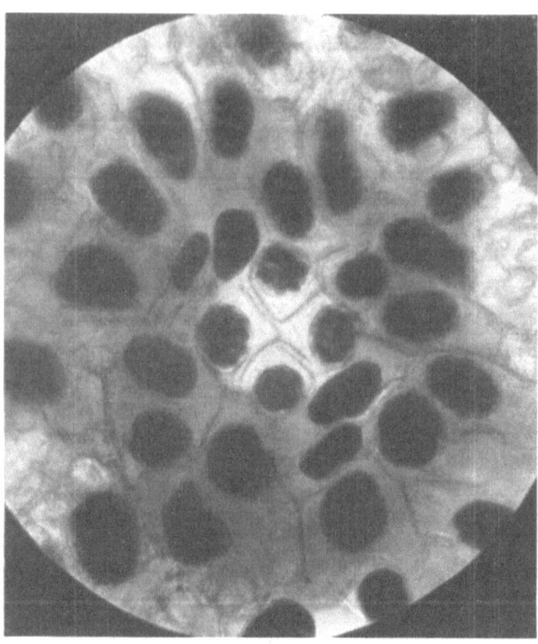

Abb. 16. Blattepidermis von *Ruta graveolens*. 8 Stunden nach dem Einlegen in 1 mol CaCl₂ plus Neutralrot.
(Nach Reuter 1937.)

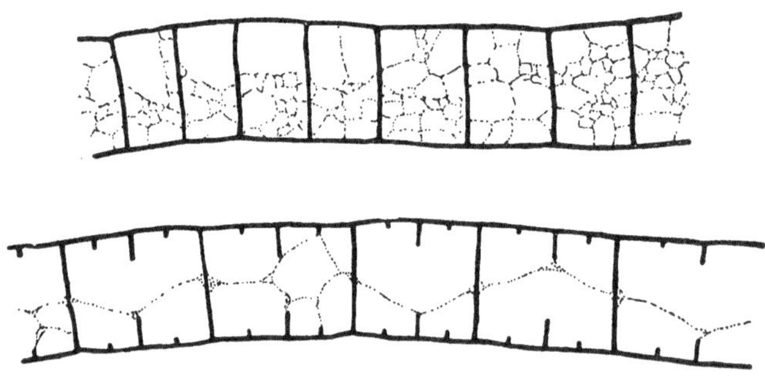

Abb. 17. Kerotomie des Zellinhaltes der Zyanophyceen: *Oscillatoria Borneti*.
(Nach Drawert aus Küster 1951.)

b) Exogene Faktoren

Erregungsvorgang: Der Gliederung unserer Darstellung entsprechend seien bei der Wirkung exogener Faktoren an dieser Stelle nur die reversiblen, innerhalb der Grenzen eines physiologischen Reizvorganges sich haltenden morphologischen Veränderungen angeführt, während für die pathologischen bzw. irreversiblen Veränderungen ein weiterer Abschnitt vorgesehen ist (S. 23 ff.). Es handelt sich daher an dieser Stelle um die Frage, welcher Einfluß auf die mikroskopische Morphologie des Cytoplasmas der Wirkung verschiedenartiger Reize zukommt. Diese Frage erscheint um so wichtiger, da auf Grund von Beobachtungen am lebenden Cytoplasma die bekannten Theorien über das Wesen des Erregungsvorganges eine Korrektur erfahren haben. Schon CLAUDE BERNARD (1875) hat das Wesen des Reizvorganges in Änderungen der kolloidchemischen Eigenschaften der lebenden Substanz gesehen. Während die bekannte Permeabilitätstheorie (HÖBER 1926, 1945, LILLIE 1912, 1932, GELLHORN 1929, COLE und CURTIS 1939 a, b, FESSARD und KOHLER 1951) jedoch das Schwergewicht auf solche kolloidchemischen strukturellen Veränderungen, die vor allem die äußeren

Grenzschichten des Cytoplasmas betreffen, zu legen versuchte, ziehen die Oxydationstheorie (VERWORN 1922, WINTERSTEIN 1926) wie auch die sogenannten kolloidchemischen Theorien (HEILBRUNN 1951) auch jene Veränderungen in Betracht, die sich während des Erregungsvorganges im Innern des Cytoplasmas abspielen.

Die Untersuchungen der kolloidchemischen Veränderungen während des Reizvorganges konnten im allgemeinen eine Permeabilitätserhöhung, die in Verbindung mit elektro-

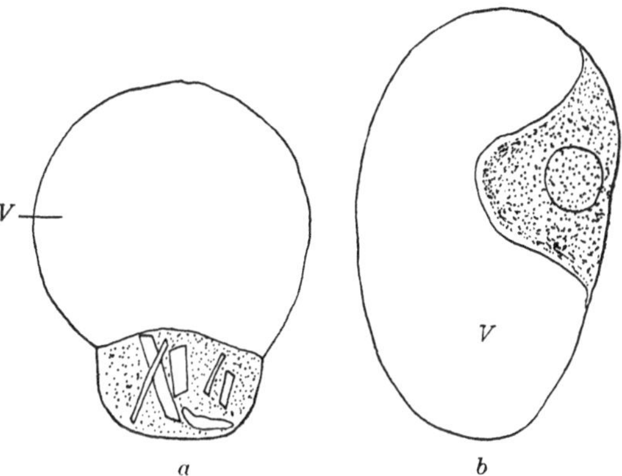

Abb. 18. Systrophe. *a* Protoplast von *Daucus carota* (Wurzel), *b* Protoplast von *Allium cepa*, Zwiebelschuppenepidermis. Bei *a* Prolaps der kristallreichen Systrophe; *V* Vakuole.
(Aus KÜSTER 1951.)

physiologischen Vorgängen (BERNSTEIN 1912) steht, sowie Viskositätsänderungen im Ekto- wie auch im Endoplasma feststellen. Nach HEILBRUNN und DAUGHERTY (1933), ANGERER (1936), ANGERER und WILBUR (1943) und WILSON und HEILBRUNN (1952) äußert sich der Erregungsvorgang — unabhängig von der Art des Reizes — in einer Verflüssigung der Rindenschicht des Cytoplasmas, die von einer Verfestigung des Cytoplasmainnern gefolgt ist. Diese Viskositätsänderungen werden von HEILBRUNN (1952) durch eine Verschiebung des Ca-Ions von der Rindenschicht in das Cytoplasmainnere erklärt. Nach der Oxydationstheorie ist der Erregungsvorgang überdies von einer Steigerung der oxydativen Prozesse begleitet, die gleichfalls ihre Wurzel in strukturellen Umgruppierungen im Cytoplasma haben. Von den beschriebenen Veränderungen während des Reizvorganges, soweit sie sich auf die mikroskopische Morphologie des Cytoplasmas beziehen, seien im folgenden einerseits die Erscheinung der R e i z plasmolyse, andererseits die der V a k u o l e n k o n t r a k t i o n und der S y s t r o p h e erwähnt.

Reizplasmolyse. Unter Reizplasmolyse wird eine rasch sich vollziehende Kontraktion des Protoplasten verstanden, die auf eine Exosmose von Wasser zurückzuführen ist. Solche Reizplasmolysen wurden als Reaktion

auf verschiedenartige Reize hin bei besonders geeigneten Objekten (D i a -
t o m e e, *S p i r o g y r a*, *N i t e l l a*, *B r y o p s i s*, R h o d o p h y c e e n h a a r e,
P o l l e n k ö r n e r) von verschiedenen Seiten beschrieben (Nägeli 1855. Hofmeister 1867. Benecke 1900, Osterhout 1915, Entz 1927. Küster 1929 a, 1951,
Chattaway 1929. Prat 1954. Geitler 1937 b). Küster (1951) macht darauf aufmerksam, daß ein Problem von größter
Bedeutung die Frage ist, ob bei Reizplasmolyse reines Wasser oder Zellsaft aus
dem Cytoplasma ausgeschieden wird. Im
Falle des Austrittes von Zellsaft müßte mit
einer Permeabilitätserhöhung, vielleicht auch
mit einer mechanischen Schädigung des Cytoplasmas (Bünning 1934) gerechnet werden.
Janse (1927) und Bünning (1928/29. 1934) nehmen an, daß bei seismonastischen Bewegungen
der Turgorverlust der Zelle durch Abgabe
von Zellsaft zustande kommt.

Vakuolenkontraktion: Der Vorgang der
V a k u o l e n k o n t r a k t i o n ist entwick-
lungsmechanisch noch nicht genügend erforscht
(Küster 1926, 1929 a, 1939 b, 1940. 1942, Gicklhorn und Weber 1927, Gicklhorn 1929, Lanz
1942 b, Hofe 1933. Schwengberg 1949). Bei der
Vakuolenkontraktion wird nicht nur vom
quellenden Protoplasma der Vakuole Wasser
entzogen, sondern auch die Vakuole selbst
oder die Vakuolenhülle kann durch synäretische Wasserabgabe die Verkleinerung des
Zellsaftraumes bewirken.

Systrophe: Auch die vor allem von Küster
(1910. 1929 a, 1935), Germ (1932, 1933), Germ
und Kietreiber (1956). Moder (1932) und
Lanz (1942 a) näher untersuchte Erscheinung der Plasmasystrophe, der aktiven Zusammenballung des Cytoplasmas, muß in
vielen Fällen als vitaler Reizvorgang angesehen werden (Abb. 18) (vgl. S. 28).

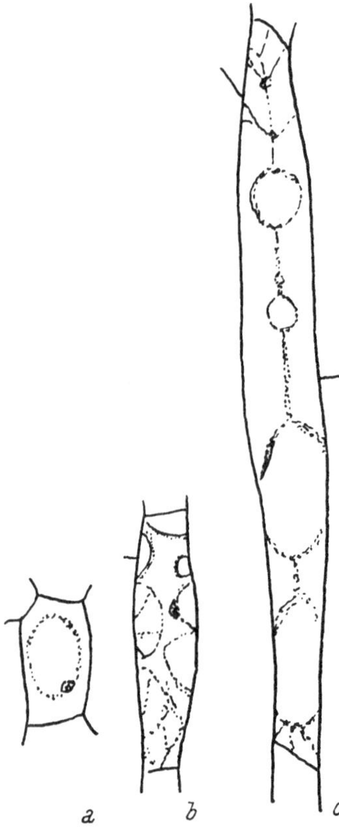

Abb. 19. Epidermiszellen eines Hypokotyls von *Helianthus annuus*, in verschiedenen Altersstadien nach 5 Minuten langer Plasmolyse mit 0,6 mol KNO$_3$
gezeichnet; *a* vom Kotyledonenhals,
b Streckungszone, *c* Dauerzone an der
Basis (Vergrößerung immer gleich).
(Nach Strugger 1934.)

c) Korrelative Faktoren

Normale Korrelationen. Untersuchungen jüngeren Datums haben gezeigt, daß korrelativen Wirkungen innerhalb des lebenden Organismus eine
steigende Bedeutung beizumessen ist. Die Aufdeckung zellphysiologischer
Gradienten innerhalb der verschiedenen Organe, die in erster Linie als
Wachstumsgradienten zu deuten sind, legt die Vermutung nahe, daß innerhalb eines Organs auch im Hinblick auf die mikroskopische Struktur des
Cytoplasmas von Zelle zu Zelle schrittweise Unterschiede bestehen dürften.

wenn auch bis jetzt die äußerst feingradigen Unterschiede noch nicht genau verfolgt werden konnten. Ein Weg, um solche morphologischen Unterschiede deutlich erkennbar zu machen, kann in der genauen Beobachtung der morphologischen Besonderheiten beim Plasmolysevorgang gesehen werden. STRUGGER (1934) hat für drei Wachstumsstadien einer Zelle die charakteristischen Plasmolyseformen nachgewiesen (Abb. 19), deren fließende Übergänge den Gradienten eines Organs hinsichtlich seiner mikroskopischen Morphologie wesentlich kennzeichnen. Ein Weg, um in die korrelativen Beziehungen zwischen den einzelnen Zellen, soweit sie in den morphologischen Eigenschaften des Plasmas zum Ausdruck kommen, Einblick zu gewinnen, ist vielleicht in einer genauen und planmäßigen Verfolgung der Ausbildung und der Lage der positiven bzw. negativen Plasmolyseorte in benachbarten Zellen über größere Gewebepartien hin zu sehen (REUTER 1955). Daß Beziehungen zwischen dem Plasmolyseort und bestimmten Inhaltskörpern der Zelle bestehen, geht aus HELLWEGERS (1935) Beobachtungen an Farnprothallien hervor, wobei die Ablösung des Protoplasten zuerst an jenen Zellwänden erfolgte, wo keine Chloroplasten lagen. REUTER (1948) erhielt analoge Ergebnisse an den Mesophyllzellen von *Soja hispida*. Histogenetisch begründet ist voraussichtlich die Lage der Plasmolyseorte bei den subepidermalen Palisaden der Blätter (*Helleborus* u. a.): der Epidermis zugewandt ist stets ein negativer Plasmolyseort (SCHEITTERER 1930).

2. Der pathologische Lebensprozeß

In dem folgenden Abschnitt sollen unter den pathologischen Vorgängen in erster Linie die sogenannten nekrobiotischen Erscheinungen eine Darstellung finden, d. h. jene irreversiblen cytomorphologischen Veränderungen, die den Absterbevorgang charakterisieren, wenn auch manches dafür spricht, den natürlichen Nekrobiosevorgang als einen physiologischen Prozeß zu bezeichnen. LEPESCHKIN (1937) hat versucht zu zeigen, daß die für den natürlichen wie auch für den durch künstliche Eingriffe eingeleiteten Nekrobiosevorgang charakteristischen morphologischen Veränderungen weitgehend und in ihren wesentlichen Zügen unspezifisch verlaufen. Die für bestimmte Absterbevorgänge als charakteristisch beschriebenen Absterbebilder (SCHINDLER 1938 a, b, 1944) ergeben sich nach LEPESCHKIN (1937) durch quantitative Unterschiede in den festgestellten wesentlichen Erscheinungen. Diese quantitativen Unterschiede betreffen: die Geschwindigkeit des Auftretens bestimmter Stadien der Nekrobiose ebenso wie die Ordnung dieses Auftretens und die Intensität ihrer Ausbildung.

a) Endogene Faktoren

Natürliche Nekrobiose. Die natürliche Nekrobiose muß als eine Nekrobiose angesehen werden, die ihre Ursache in endogenen Faktoren hat. Was die Wechselwirkung von Cytoplasma und Vakuole bei der natürlichen Nekrobiose betrifft, so führt LEPESCHKIN (1937) eine Reihe von Erscheinungen an, die ihre Ursache darin haben, daß vor allem der langsam verlaufende Absterbeprozeß mit einer Wasseraufnahme von seiten des Cytoplasmas verbunden ist. Diese Wasseraufnahme erfolgt auf Kosten der Vakuole. Auch für die natürliche Nekrobiose ist daher die V a k u o l e n

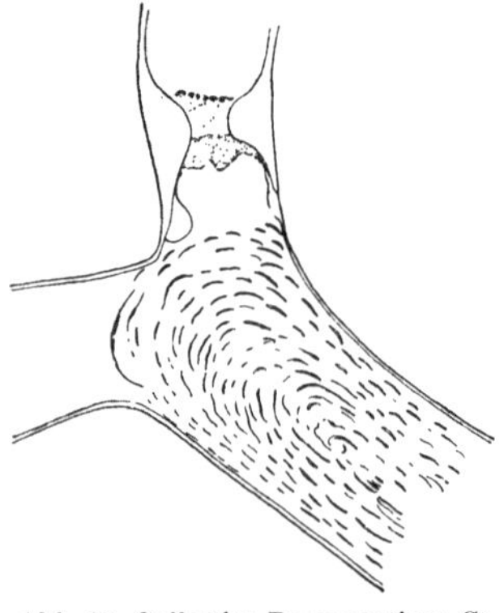

Abb. 20. Gallertige Degeneration: *Codium tomentosum.*
(Aus Küster 1951.)

k o n t r a k t i o n (Abb. 3) (Brenner 1920, Sakamura 1922, Lepeschkin 1927, Strugger 1926, Haan 1931, 1933, Wada 1932 u. a.) eine wichtige morphologische Erscheinung ebenso wie eine kennzeichnende cytomorphologische Erscheinung des Reizvorganges (siehe oben), wo sie sich allerdings innerhalb der reversiblen Grenzen hält. Auch bei tierischen Zellen kann die Wasseraufnahme durch das Plasma teilweise auf Kosten des Wassers der Vakuolen stattfinden, so daß die Vakuolen trotz des vergrößerten Wassergehaltes der Zelle verschwinden können. Diese nekrobiotische Wasseraufnahme von seiten des Cytoplasmas äußert sich in morphologischen Veränderungen, die sich auf die Grenzflächen zwischen Cytoplasma und lebenden Einschlüssen wie etwa den Chloroplasten (Lepeschkin 1937) oder bei tierischen Zellen, vor allem den Chondriosomen, beziehen. Die Wasser

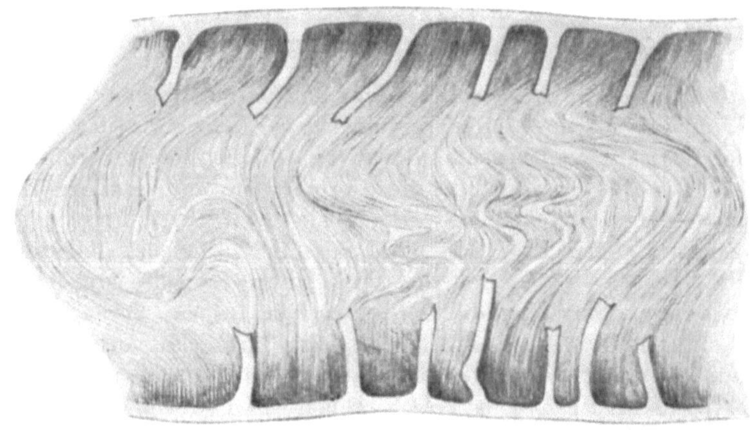

Abb. 21. Gallertige Degeneration und strähniger Zerfall des Protoplasmas: *Caulerpa*; oben und unten zerrissene Zellulosebälkchen.
(Aus Küster 1951.)

aufnahme verleiht dem Cytoplasma in vielen Fällen ein durchlöchertes Aussehen („cavulation"). Das durch das Cytoplasma aufgenommene Wasser wird häufig in Form von kleinen Vakuolen im Cytoplasmainnern ausgeschieden, eine Erscheinung, die als „v a k u o l i g e D e g e n e r a t i o n" beschrieben wurde. Schon Dujardin (1835) hat ähnliche Erscheinungen an Protozoen beobachtet und sie als Schaumbildung des Cytoplasmas bezeichnet. Eine Diskussion der allgemeinen Erscheinung des Auftretens von mikroskopisch wahrnehmbaren Wassertröpfchen im Cytoplasma, der so genannten Hydrophanerose, findet sich bei Seifriz (1939). — Wie schon Klemm (1894) zeigen konnte, kommen bei der Vakuolisation des Cytoplasmas morphologisch besonders charakteristische Stadien dadurch zustande, daß nicht die ganze Masse des Protoplasmas von der Vakuolisation ergriffen wird, sondern daß die vakuolige Degeneration auf bestimmte Schichten beschränkt bleibt. Häufig ergreift die Vakuolisation eine Schicht, die unmittelbar unter der äußeren Hyaloplasmaschicht liegt (Luerssen 1871).

Von anderen Entmischungserscheinungen, die in der morphologischen Erscheinungsform des Cytoplasmas leicht nachweisbar sind und den Nekrobioseprozeß begleiten, sei an dieser Stelle auch die Lipophanerose erwähnt, worunter das Auftreten von Lipoidtröpfchen im Cytoplasma verstanden wird (Biedermann 1924, Ernst 1928).

Als weitere degenerative Erscheinungen wurde die sogenannte Mukophanerose, d. h. der Zerfall des Cytoplasmas in Proteine und freie Schleime und die gallertige Degeneration beschrieben, ein Prozeß, bei dem sich ein mehr oder weniger großer Teil des Cytoplasmas in Gallerte verwandelt. Ein besonders interessanter Fall einer solchen gallertigen Degeneration wurde bei *Codium tomentosum* beschrieben, wo die gallertigen Massen deutlich eine Schichtung erkennen lassen (Abb. 20). Da die beobachteten Struktur-

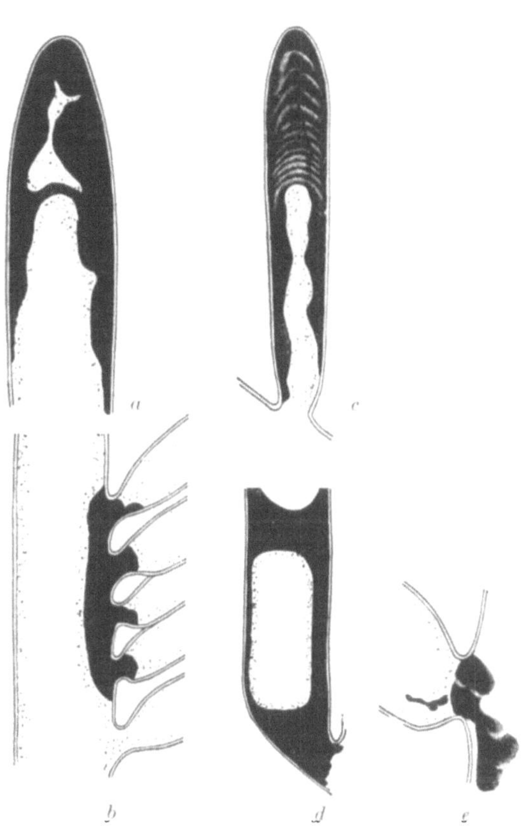

Abb. 22. Zellulosige Degeneration des Protoplasmas: *Bryopsis*. — Große Anteile des Protoplasten sind zu einer körnigen, festen Masse erstarrt, die bald die Spitze der Zweige, bald die Basis der Seitenfiedern oder andere Stellen in Anspruch nimmt; sehr oft liegen die toten Massen einer Flanke der Zellschläuche an (*b*); bei *c* deutliche Schichtung. Die lebendig gebliebenen Anteile des Protoplasmas, auch die allseits von toter Masse umkapselten (*d*), sind durch Punktierung kenntlich gemacht; bei *e* Bevorzugung der engen Passagen.

(Aus Küster 1951.)

kurven eine große Ähnlichkeit mit den durch Plasmaströmung verursachten Kurven erkennen lassen (Abb. 21), kommt Küster (1951) zu der Ansicht, daß die gallertige Degeneration strömendes oder durch Strömung geformtes Plasma fixiert habe. Eine andere, an Pflanzenzellen beschriebene Degenerationserscheinung ist die der zellulosigen Degeneration, wobei Plasmastränge oder umfangreiche segelartige Lamellen des Cytoplasmas zu zellulosiger Substanz erstarren (Noll 1887) (Abb. 22). Vor allem an tierischen Zellen wurde die sogenannte körnige Degeneration beschrieben, die darin besteht, daß innerhalb des Cytoplasmas Körnchen auftreten. Solange der Prozeß der körnigen Degeneration reversibel ist, ist nur eine geringe Zahl von Degenerationskörnchen nachweisbar. Der Degenerationsprozeß wird jedoch irreversibel, wenn eine bestimmte Intensität der Körnchenbildung erreicht ist. Bei Protozoen kann diese Art der Degeneration bis zum sogenannten körnigen Zerfall der Zelle führen (Verworn 1896, 1922).

Die Degenerationserscheinungen beim natürlichen Absterben kurzlebiger Pflanzenhaare sind von Laber (1954) untersucht worden. Die physiologisch bedingte Nekrose tritt ein, sobald die Zellen ihre endgültige Größe erreicht haben. Morphologische Veränderungen des Cytoplasmas äußern sich zunächst in dem Auftreten leichter Fällungen, die von einer beträchtlichen Aufquellung des Plasmabelages und schließlich einem unregelmäßigen Abheben des Protoplasten von den Längswänden gefolgt sind. Die Wände der sich kontrahierenden Vakuolen treten stark hervor, schließlich kommt es zum Tonoplastenstadium und zur Koagulation des Plasmas.

Interessant erscheinen im Zusammenhang mit den nekrobiotischen Erscheinungen des Cytoplasmas die Angaben Küsters (1951), daß innerhalb ein- und desselben Protoplasten vielfach lokale oder selektive Nekrosen auftreten können. So beschreibt Küster (1951) an besonders gestalteten Trichomen wie auch an Bastzellen (Krabbe 1887) Fälle, wo an den Enden langgestreckter Zellen kleine Portionen des Cytoplasmas absterben und unterhalb des toten Anteils sich eine neue Membran bildet. Was die Ausbreitung der nekrobiotischen Veränderungen innerhalb eines Protoplasten betrifft, so weist Küster (1951) darauf hin, daß für die Richtung, in der diese Erscheinungen fortschreiten, bis jetzt noch keine allgemeingültigen Gesetzmäßigkeiten aufgedeckt werden konnten. In einigen Fällen nimmt die Nekrobiose von einem einzigen Zentrum innerhalb der Zelle ihren Ausgang, in anderen Fällen konnten gleichzeitig mehrere solcher Zentren nachgewiesen werden (Küster 1951). Bleibt die Nekrose innerhalb einer Zelle auf bestimmte Teile des Cytoplasmas beschränkt, so kommen wechselnde Verteilungsbilder für lebend gebliebene und abgestorbene Plasmamassen zustande.

b) Exogene Faktoren

Wirkung exogener Faktoren im besonderen: Während, wie oben erwähnt wurde, Lepeschkin (1937) den Versuch gemacht hat zu zeigen, daß die für den natürlichen wie auch für den durch künstliche Eingriffe eingeleiteten Nekrobiosevorgang charakteristischen, morphologischen Veränderungen weitgehend und in ihren wesentlichen Zügen unspezifisch verlaufen, hat sich in der Folgezeit eine Richtung (Küster 1933, Iljin 1933, Lepeschkin 1937, 1943, Etz 1939, Höfler 1939, 1947, Schindler 1938 a, b, 1944) entwickelt, die danach trachtete, die speziellen Nekroseformen bzw. Absterbebilder für verschiedene Tötungsarten genauer zu verfolgen und Beziehungen zwischen bestimmten morphologischen Besonderheiten und der

Einwirkung bestimmter letaler Faktoren aufzudecken. Als Nekroseform bezeichnen wir diejenige, die der sterbende oder abgestorbene Protoplast durch starke synäretische Verkürzung und Schrumpfung oder durch Quellung annehmen kann; für die Nekroseformen ist ebenso wie für die Plasmolyseformen die Stärke der Verbindung zwischen Protoplasma und Zellwand weitgehend bestimmend. Verkürzung kann Zerreißen des Plasmabelages, Quellung charakteristische Fältelungen hervorrufen. Beobachtungen über Nekroseformen stammen von zahlreichen Autoren (Küster 1933 f,

Iljin 1933, Lepeschkin 1937, 1943, Schindler 1938, 1944 a, b, Etz 1939, K. und L. Höfler 1951 u. v. a.). Während sich Schindler (1938 a, b, 1944) darum bemühte, den Alkalitod wie den Säuretod und auch den Tod durch Schwermetallsalze cytomorphologisch zu charakterisieren, hat Höfler (1939, 1947) an Lebermoosen vor allem verschiedene Formen der Trockennekrose zellmorphologisch näher studiert. Höfler stellt die sogenannten „Schrumpfnekrosen", bei denen sich der tote Inhalt ringsherum von der Membran ablöst

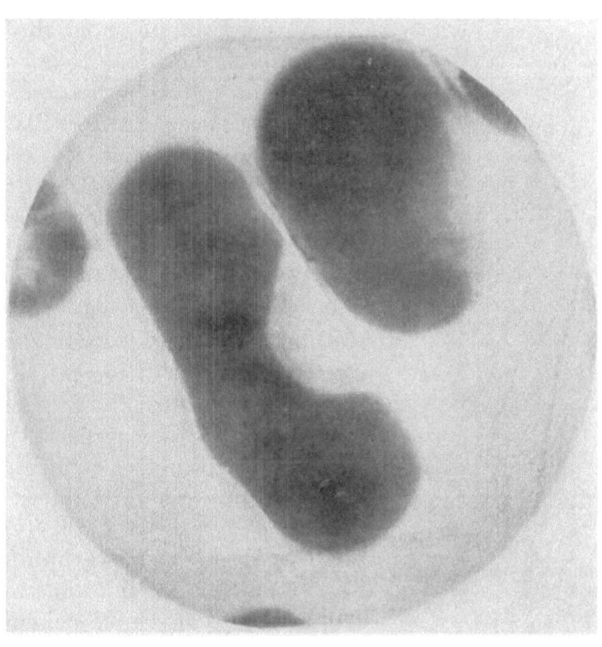

Abb. 23. Systrophische Ballung mit deutlicher Plasmaschichtung: *Allium cepa* nach Plasmolyse.
(Aus Küster 1951.)

und wechselnde rundliche oder eckige Formen annimmt, der „Kranznekrose" gegenüber, bei der das Plasma mit seinen Einschlüssen allseitig an der Membran haftenbleibt. Eine „Rahmennekrose" liegt nach Höfler dann vor, wenn vom Cytoplasma eine dünne, ringförmig geschlossene Schichte übrigbleibt, während bei der „Saumnekrose" Tonoplast und Zellsaft innerhalb des Cytoplasmas noch erhalten bleibt (Scheitterer und Weber 1930, Will-Richter 1949).

Plasmolyse: Was die Wirkung der Plasmolyse auf die Plasmakonfiguration betrifft, so liegen einerseits Beobachtungen vor, die durch Plasmolyse eine Vereinfachung der Plasmakonfiguration feststellen konnten; andererseits wurde jedoch auch vielfach eine Bereicherung der Plasmakonfiguration im Verlauf des Plasmolysevorganges beobachtet. Die bekannte Erscheinung, daß sich nach Plasmolyse die Plasmafäden in den Wandbelag zurückziehen, wurde bereits von Hofmeister (1867) an *Tra-*

descantia beschrieben; Hofmeister (1867) stellte jedoch auch fest, daß diese Vereinfachung der Konfiguration umkehrbar ist; bei Deplasmolyse wird nach Hofmeister (1867) innerhalb von 10—12 Minuten das ursprüngliche Fadensystem wieder hergestellt. — Andererseits haben vor allem Küster (1918) und Jungers (1934) Fälle beschrieben, wo sich die Grenzflächen Protoplasma-Zellsaft nach Plasmolyse ganz besonders reichhaltig entfalteten, dadurch, daß eine wechselnd große Zahl von Plasmalamellen den Zellsaftraum in mehrere Räume zerlegt, eine Erscheinung, die auch als „Vakuolenfurchung" bezeichnet wurde. — Eine weitere Veränderung der Cytoplasmakonfiguration, die vor allem nach Plasmolyse häufig beobachtet werden konnte, ist die bereits oben als rein vitale Reizerscheinung erwähnte Systrophe. Neben der Zentrierung der Plasmastrangbildung („Radspeichenstruktur" nach Höfler) kommt es bei Systrophe häufig zu Differenzierungen des Cytoplasmas selbst, die in einem Sichtbarwerden verschiedener Plasmakomponenten, wie einer hyalinen und einer körnigen, besteht. Germ und Kietreiber (1956) haben jüngst die Erscheinung der Systrophe an Cyclamen-Zellen genauer beschrieben. Bei der Zusammenballung des Cytoplasmas legen sich vielfach Plasmafäden aneinander und bilden dadurch „Strukturen" der perfekten Systrophe aus, die von Germ und Kietreiber (1956) als radiäre, konzentrische bzw. retikuläre Struktur bezeichnet werden. Bei der Systrophe mit retikulärer Struktur bilden sich zwischen den einzelnen Fäden Queranastomosen aus, die durch hyaline Plasmaverbindungen dargestellt werden, die winzige Vakuolen einschließen. Die mit der Systrophe Hand in Hand gehende Plasmadifferenzierung besteht in dem Sichtbarwerden von hyalinen Cytoplasmahüllen um die sich bildenden Vakuolen, die offensichtlich ganz andere Eigenschaften aufweisen als das gewöhnliche Cytoplasma im normalen Zustand. Schon bei verhältnismäßig schwacher Plasmolyse, wenn sich ein Plasmaraumgitter bildet, sondern sich vom Cytoplasma hyaline Anteile ab und bilden amöboide Klumpen, unter denen sich Hyaloplasmakugeln, Hyaloplasmaringe und Hyaloplasmakappen unterscheiden lassen. Während die Plasmaamöben wie auch die Hyaloplasmakugeln wieder zur Verschmelzung mit dem übrigen Plasma gebracht werden können, stellen Hyaloplasmaringe und -kappen bereits Endformen von Cytoplasmaentmengungen dar. Die Wiederverschmelzung erfolgt insbesondere nach Deplasmolyse, woraus Germ und Kietreiber (1956) den Schluß ziehen, daß es sich bei den beschriebenen Erscheinungen um einen intravitalen Vorgang handelt (Abb. 18, 23).

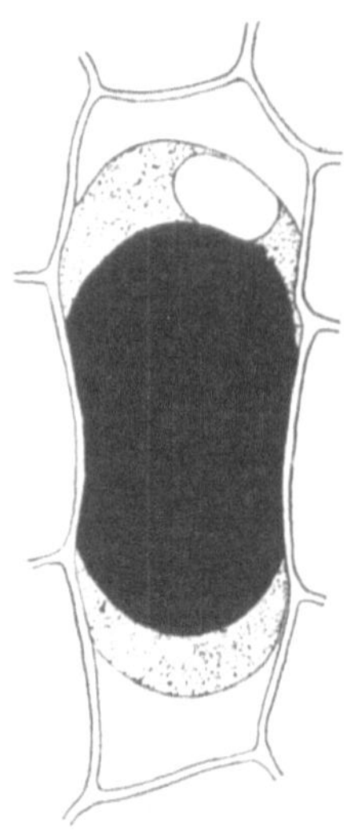

Abb. 24. Die Kappenplasmolyse. Untere Epidermis der Zwiebelschuppe von *Allium cepa*. (Nach Höfler 1928.)

Laugen: Von chemischen Stoffen, die die Cytoplasmakonfiguration besonders stark und in ganz charakteristischer Weise beeinflussen, seien Ammoniak, Ammoniumkarbonat, Ätzkali, Ätzkalk und Alkaloide erwähnt. Die Wirkung besteht in dem Auftreten einer grobschaumigen Struktur, die so weit gehen kann, daß schließlich die ganze Zelle von einem Schaumwerk erfüllt erscheint und der ursprüngliche Zellsaftraum nicht mehr zu erkennen ist. Klemm (1895) verdanken wir eine eingehende Untersuchung der Frage nach der Wirkung von Laugen. An besonderen Objekten (Haaren von *Momordia* und *Trianea*) scheint diese Vakuolisation nicht nur innerhalb der mikroskopischen Dimensionen sich abzuspielen, sondern auch in den

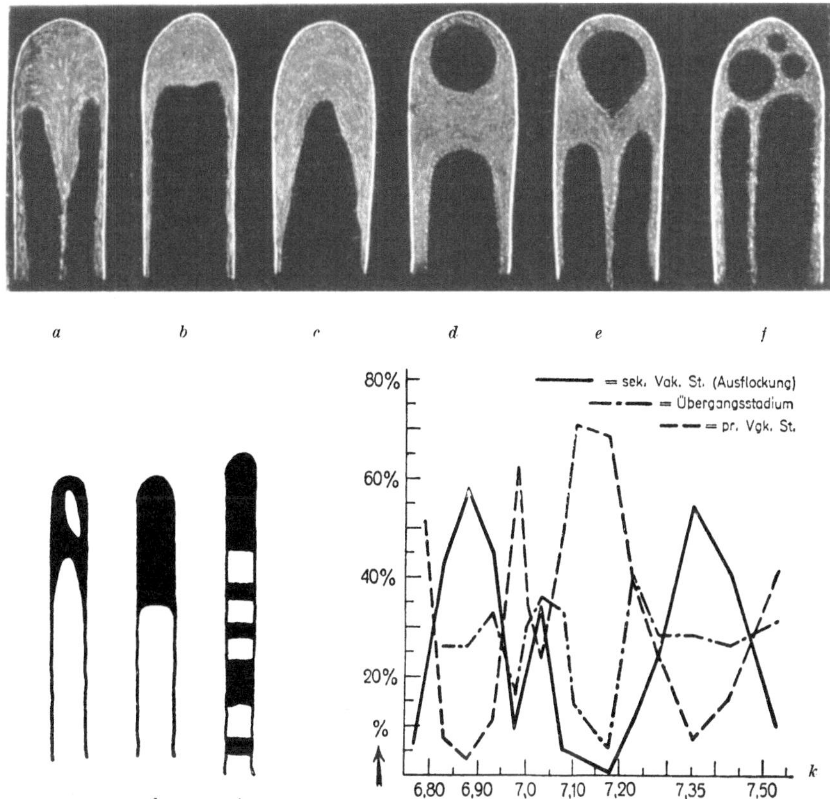

Abb. 25. Wechsel der Vakuolenform und Protoplasmakonfiguration an der Spitze der Wurzelhaare: *a—f* unter gleichen Bedingungen finden sich verschiedene Konfigurationen nebeneinander: *Hydrocharis morsus ranae*; *g—k* die Konfiguration ändert sich mit dem pH-Wert: *Hordeum*. (Nach Strugger aus Küster 1951.)

Bereich jenseits der mikroskopischen Sichtbarkeit hineinzureichen. Pfeffer (1904) wies nach, daß diese Vakuolisation in allen Fällen einen reversiblen Prozeß darstellt. Degen (1905) hat die weite Verbreitung dieser Erscheinung nachgewiesen (B a k t e r i e n, S c h l e i m p i l z e, P i l z e und S a m e n - p f l a n z e n). Wie empfindlich diese Reaktion gegen Alkalien sein kann, geht schon daraus hervor, daß die schwach alkalische Reaktion des Leitungswassers in vielen Fällen eine schaumige Verwandlung des Cytoplasmas zur Folge hat.

Alkalisalze: Eine charakteristische morphologische Erscheinung nach Behandlung mit hypertonischen Lösungen von Alkalisalzen (K, Na, Li) ist die

Erscheinung der Kappenplasmolyse (Abb. 24), die in Ca-Lösungen wieder rückgängig gemacht werden kann. Besonders gut läßt sich die Kappenplasmolyse in langgestreckten Zellen beobachten, da die starke Quellung des an den Schmalseiten zusammengedrängten Cytoplasmas in diesen Fällen besonders deutlich erkennbar wird (Höfler 1934. Strugger 1932. Lanz 1942 a).

Azidität: Strugger (1926, 1927) verdanken wir eine genaue Untersuchung der Wirkung von Aziditätsänderungen auf das Cytoplasma der Wurzelhaare von *Hordeum.* Strugger (1926, 1927) unterschied einerseits ein primäres Vakuolenstadium, das durch die Ausbildung einer kleinen, apikalen Vakuole gekennzeichnet ist, die durch eine dünne Plasmaschicht von der großen zentralen Vakuole getrennt ist, andererseits ein sekundäres Vakuolenstadium, dessen kennzeichnendes Merkmal eine ganze Reihe kleiner Vakuolen ist (Abb. 25). Nach Strugger kommt es beim allmählichen Ansteigen des pH-Wertes zu einem wiederholten Wechsel der beiden Vakuolenstadien (Abb. 25).

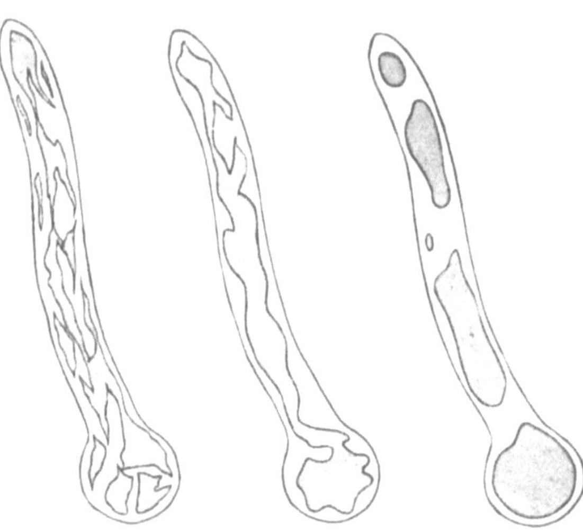

Abb. 26. Vereinfachung der Plasmakonfiguration nach Behandlung mit Neutralrot: Keimlinge von *Saprolegnia.*
(Nach Dubitzky aus Küster 1951.)

Kampfer: Dubitzky konnte zeigen, daß bei *Saprolegnia* ein wirksames Mittel zur Erzielung einer Zerteilung der ursprünglich großen Vakuole in zahlreiche kleine Zellsaftkugeln die Einwirkung von Kampfer ist.

Belichtung: Auch die Wirkung von Belichtung scheint in ähnlicher Weise auf das Cytoplasma zu wirken. Raybaud (1911) stellte nach Belichtung in den Keimlingen von *Phycomyces* fein verteilte Zellsafttröpfchen fest.

Neutralrot: Die Wirkung von Neutralrot kann bei verschiedenen Zellen eine verschiedene sein. Während Weber (1929 b) unter dem Einfluß von Neutralrot in den Schließzellen von *Rumex* Aggregation erzielte, stellte Dubitzky (1934) mit demselben Farbstoff an *Saprolegnia* eine starke Vereinfachung der Cytoplasmakonfiguration fest (Abb. 26), da sich zahlreiche fadenförmige Vakuolen in kürzester Zeit zu einigen großen Zellsaftkugeln vereinigen. Daß neben der Einwirkung von Neutralrot bei der Auslösung von Veränderungen im Vakuom auch der Wundreiz eine große Rolle spielt, konnten Küster (1926, 1929. 1939 a. 1940. 1942), Gicklhorn und Weber (1927), Lanz (1942 a, b) u. a. zeigen.

Infektion: Was die nach Infektion festgestellten cytomorphologischen Veränderungen betrifft, so wurden bis jetzt vor allem die Fälle einer Infektion durch Pilze bzw. durch Viren näher untersucht. Befall durch parasitäre Pilze bewirkt allgemein eine Zerklüftung der Vakuole (CHAZE und SARAZIN 1935). Die Haustorien der *Pseudoperonospora humuli* und anderer parasitärer Pilze sind rings von kleinen, kugeligen oder fadenförmigen Vakuolen umgeben (DUFRÉNOY 1929 a, 1931 a u. a.). Das Auftreten zahlreicher kleiner Vakuolen ist auch bei Viruskrankheiten eine weitverbreitete Erscheinung. In den Zellen mosaikkranker Saccharumpflanzen u. a. sollen nach DUFRÉNOY (1928, 1931 b, 1934 u. a.) zahlreiche kleine Vakuolen erhalten bleiben, in den normalen Zellen dagegen eine Vereinigung zu großen Zellsaftblasen erfolgen.

Vom Standpunkt der mikroskopischen Struktur des lebenden Cytoplasmas aus gesehen, kommen den eigenartigen anormalen Körpern besondere Bedeutung zu, die als besondere Kennzeichen gewisser Viruskrankheiten anzusehen sind und die in der englischen Literatur als „X-bodies" bzw. „striate material" bezeichnet werden (SMITH 1946). Über das Wesen dieser Einschlußkörper wurden vor allem zwei Ansichten vertreten. Einerseits wurden sie als Produkte zellulärer Reaktionen als Folge der Infektion, also als Ergebnis einer Zelldegeneration angesehen, andererseits neigte man vielfach zu der Ansicht, daß in ihnen eine Ansammlung des Virus selbst vorliegt (ROSENZOPF 1951, WEBER 1952, 1954, 1955, WEBER und KENDA 1952, KENDA 1954, AMELUNXEN 1955). IWANOWSKI (1903) war der erste, der in den Palisadenzellen mosaikkranker Pflanzen solche verschiedenartig gestaltete X-bodies beschrieben hat. SHEFFIELD (1931, 1934, 1936) untersuchte die Entstehung intrazellulärer Einschlußkörper nach Infektion mit Aucuba-Tomaten-Mosaikvirus wie auch anderer Virusarten. Kurz nach der Infektion kommt es zu einer Intensivierung der Cytoplasmaströmung und zum Sichtbarwerden von winzigen Eiweißteilchen, die sich allmählich zusammenlegen und schließlich zu größeren Gebilden verschmelzen. SHEFFIELD (1939), BAWDEN (1950), BAWDEN und SHEFFIELD (1939), WEBER und KENDA (1952). WEBER (1952, 1954, 1955) und KENDA (1954) haben auf die Beziehungen hingewiesen, die zwischen den bodies viruskranker Zellen und den seit MOLISCH (1923) oft untersuchten Eiweißspindeln bestehen. ZECH und VOGT-KÜHNE (1955) haben dem Problem der X-body-Bildung jüngst elektronenmikroskopische Untersuchungen gewidmet. Die X-body-Bildung wird durch eine Kernhypertrophie und eine strahlenförmige Anordnung cytoplasmatischer Stränge eingeleitet. Gleichzeitig mit dem Beginn der X-body-Bildung treten plötzlich und ohne wahrnehmbaren Übergang große Mengen der bekannten Viruspartikel im Elektronenbild auf. ZECH und VOGT-KÜHNE (1955) konnten weiter zeigen, daß pro Zelle die Masse der isolierbaren Virussubstanz zunächst relativ konstant bleibt, daß aber der Ribonukleinsäuregehalt vom Beginn des Auftretens der Viruspartikel an dauernd abnimmt. Auf Grund von Vergleichen mit früheren UV-spektrographischen Untersuchungen kommen die Autoren zu der Annahme, daß der Ribonukleinsäureanteil der Virusmoleküle progressiv mit ihrer Alterung abgestoßen wird, um dann vermutlich im Stoffwechselgeschehen der Zelle abgebaut zu werden.

c) Korrelative Faktoren

Trauma: Da anzunehmen ist, daß es sich bei Verletzungen eines Organs um eine Wechselwirkung von exogenen und endogenen Faktoren wie auch um Störungen der normalen korrelativen Beziehungen handelt, wurde für die Frage, welcher Einfluß auf die morphologischen Eigenschaften des Cytoplasmas traumatischen Eingriffen zukommt, ein eigener Abschnitt gewählt. Lepeschkin (1927) hat ausführliche Untersuchungen an *Spirogyra* vorgenommen und dabei zeigen können, daß ein Durchschneiden der *Spirogyra*-Fäden das Auftreten eines Resistenzgradienten zur Folge hat in dem Sinne, daß die der Schnittstelle nahe liegenden Zellen für mechanische Eingriffe empfindlicher werden, als sie vor dem Durchschneiden waren. Bünnings (1929 b) Versuche an *Allium*-Zellen konnten den Nachweis erbringen, daß an der Schnittstelle eine Koagulation des Cytoplasmas beginnt, die sich dann schrittweise von Zelle zu Zelle fortsetzt; nach Bünning (1926 a) ist diese Viskositätserhöhung des Cytoplasmas unter der Einwirkung traumatischer Reize zunächst reversibel. Der Cytoplasmazustand der benachbarten Zellen kann durch abgestorbene Zellen beeinflußt werden, so daß ganz charakteristische Plasmolyseorte auftreten, wie Weber (1939 c) an *Helodea*-Blättern zeigen konnte (Abb. 27). Dubitzky (1934) hat an

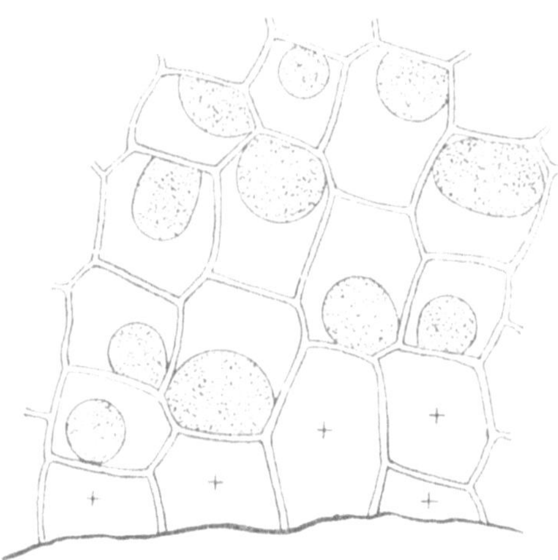

Abb. 27. Blattzellen von *Heleodea canadensis*. Plasmolyseorte der Wundzone. Die mit + bezeichneten Zellen sind infolge der angebrachten Schnittverletzung abgestorben.
(Nach Weber 1929.)

Saprolegnia Beobachtungen beschrieben, bei denen sich nach Verwundung die große Zentralvakuole der Hyphen augenblicklich in kurze Vakuolenstücke zerlegt; selbst in beträchtlicher Entfernung von der Wundstelle ließ sich diese Reaktion noch beobachten. Daß Vakuolenkontraktion häufig eine Reaktion auf Wundreiz ist, wurde oben bereits gezeigt (S. 22). Kerr (1933) hat über die nach Trauma in den Wurzelhaaren von *Limnobium* auftretenden Änderungen der Cytoplasmakonfiguration Mitteilung gemacht. Mangenot (1929 b) konnte bei *Oxalis* in der Nähe nektrotischen Gewebes die Bildung von Plasmasepten nachweisen. Schon lange bekannt sind die nach Verwundung auftretenden gerichteten Bewegungen des Cytoplasmas, die als positive bzw. negative Traumatotaxis beschrieben wurden. Diese Häufung des Cytoplasmas an einer Stelle, die eine charakteristische Lagebeziehung zur Stelle der Verletzung zeigt, kann reversibel oder irreversibel sein. W. Zimmermann (1923) konnte bei *Sphacelaria fusca* verfolgen, wie aus einer Segmentzelle mit annähernd gleichmäßig verteiltem Cytoplasma eine Scheitelzelle mit apikal gehäuftem Cytoplasma entstehen kann. Küster (1951) betont ausdrücklich, daß in diesen Fällen neben der traumatisch bedingten Wanderung des Cytoplasmas wohl auch eine Vermehrung des Cytoplasmas durch assimilierendes Wachstum zur Erklärung herangezogen werden müsse. Was die Regeneration der Hyaloplasmaschicht in Plasmodien von Myxomyceten betrifft, so hat BÉLAR (1930) darüber Mitteilung gemacht. Wird den Plasmodien von *Didymium nigripes* eine Verwundung beigebracht, so fließt eine beträchtliche Menge des strömenden inneren Cytoplasmas aus der Wunde aus; an der Oberfläche dieses Plasmas wird sehr bald eine hyaline Schicht erkennbar, während im Innern das Cytoplasma eine bis zur Undurchsichtigkeit getrübte Masse darstellt. Eine ähnliche Regeneration der Hyaloplasmaschicht wurde bereits von PFEFFER (1890) beobachtet und gab die Veranlassung zu der Auffassung, daß Hyaloplasma und Körnchenplasma nicht als verschiedenartige Form der lebenden Substanz anzusehen ist.

3. Der künstlich beeinflußte Lebensprozeß

Es hat nicht an Versuchen gefehlt, die Verteilung der Konfiguration des Cytoplasmas experimentell zu beeinflussen und zu verändern und den in lebenden Zellen an solche Eingriffe sich anschließenden Prozeß der Restitution der Cytoplasmakonfiguration näher zu studieren.

Zentrifugenwirkung: Von Methoden, die zur Behandlung der Frage nach der Cytoplasmarestitution herangezogen wurden, hat vor allem die Zentrifugenbehandlung interessante Ergebnisse gezeitigt. Bei Zentrifugierung werden die Inhaltsbestandteile der Zelle ihrem spezifischen Gewichte folgend nach dem distalen Teil der Zelle verlagert. Daß der physiologische Zustand der Zellen die Ergebnisse solcher Zentrifugenbehandlung ganz wesentlich bestimmt, konnte MILOVIDOV (1930) zeigen durch den Nachweis, daß das spezifische Gewicht des Zellsaftes weitgehend vom Alter der Zelle abhängt. Vom Standpunkt einer protoplasmatischen Pflanzenanatomie aus (REUTER 1935) verdienen die Ergebnisse von JUNGERS (1934) an *Allium*-Zellen besonderes Interesse. Nach JUNGERS (1934) ist in den Epidermiszellen der Zellsaft schwerer als das Cytoplasma, während in den Zellen des Grundgewebes das Cytoplasma schwerer als der Zellsaft ist. Eine Schilderung von der Wirkung der Zentrifugenbehandlung auf die feinere Morphologie des Cytoplasmas gibt KÜSTER (1951) mit den folgenden Worten: „Durch die Schleuderbehandlung wird nicht nur gleichmäßig verteiltes wandständiges Cytoplasma zum weitaus größten Teil auf eine Seite der Zelle geworfen; die den Zellsaft durchziehenden Cytoplasmafäden werden zerstört, soweit sie nicht in der Richtung der Fliehkraft streichen oder sich während des Versuchs in diese ablenken oder strecken lassen, oder es werden neue Fäden ausgezogen, die diejenigen Plasmateile miteinander verbinden, die die Schleuderung voneinander abrücken ließ. ... Selbst sehr starke Fliehkräfte vermögen nicht den gesamten Plasmavorrat an das zentrifugale Ende der Zelle zu schleudern; ein sehr zarter Plasmabelag bleibt vielmehr auch bei energischer Schleuderung überall an der Wand haften.“

Bei *Nitella* sah BRECKHEIMER-BEYRICH (1949 b) nach fortgesetzter Schleuderung in der am zentrifugalen Pol der Zelle gehäuften Protoplasmamasse eine Schichtung sichtbar werden. Breckheimer-Beyrich (1949 b) unterscheidet eine trübglasige Masse, die als „Protoplasma A" bezeichnet wird, von einer schaumigen Masse, dem „Protoplasma B". Dieses Protoplasma B ist mächtiger und überlagert das Protoplasma A.

Die Frage nach der Situs-Restitution nach Zentrifugenbehandlung wurde viel diskutiert (Eibel 1941).

Bis jetzt ist es jedoch nicht gelungen, für die erwähnten Vorgänge eine befriedigende physikalische Erklärung zu finden. Nicht unerwähnt soll die Tatsache bleiben, daß die Geschwindigkeit, mit der die Cytoplasmakonfiguration wieder hergestellt wird, bei den einzelnen Objekten ganz erheblich schwankt (Küster 1906, A. Meyer 1920, Lanz 1939, E. W. Schmidt 1914, Breckheimer-Beyrich 1950).

Paraffinfüllungen: Ein originelles mechanisches Verfahren zur Verlagerung des Zellinhaltes hat Vogt (1949) ausgearbeitet. Bei *Urtica* werden die Brennhaare gewaltsam geöffnet und P a r a f f i n u m   l i q u i d u m einströmen gelassen. Durch das einströmende Paraffin wird das wandständige Plasma in den Zellsaftraum gedrängt; im späteren Verlauf vollzieht sich eine starke Umstellung der Cytoplasmakonfiguration.

Mikrurgische Eingriffe: Es hat schon frühzeitig nicht an Versuchen gefehlt, die Protoplastenform willkürlich zu modellieren. Mikrochirurgische Eingriffe wurden vor allem von Seifriz (1928) vorgenommen. Von Erfolg sind solche Eingriffe vor allem an Siphoneen (*Vaucheria, Valonia*) und anderen großzelligen Algen (*Nitella*) begleitet.

Induktionsströme: Klemm (1895) gelang es auf elektrischem Weg, das Cytoplasma von *Momordia* und *Tradescantia* in kugelige Ballen zu zerlegen.

IV. Zusammenfassung

Wie oben bereits erwähnt wurde, ist der Kernpunkt der modernen Cytologie darin zu sehen, worauf auch Zeiger (1955) jüngst hingewiesen hat, daß die mikroskopischen Strukturen des Cytoplasmas als Ausdruck einer molekularen Ordnung anzusehen sind. Wenn in den vorliegenden Ausführungen daher eine kurze, übersichtliche Zusammenstellung über die Befunde gegeben wurde, die sich auf die mikroskopische Struktur des Cytoplasmas im allgemeinen beziehen und andererseits der Versuch gemacht wurde, die Abhängigkeit dieser Strukturen von bestimmten physiologischen Zuständen der Zelle aufzuzeigen, so sei am Ende noch kurz auf jene Vorstellungen hingewiesen, die gegenwärtig hinsichtlich der submikroskopischen Struktur des Cytoplasmas als die herrschenden angesehen werden müssen. Die Schwierigkeit, eine befriedigende Cytoplasmastrukturtheorie zu finden, liegt, wie schon oben hervorgehoben wurde, gerade darin, daß diese Struktur nicht als statisch, sondern als dynamisch aufgefaßt werden muß. Vor allem den beiden Erscheinungen der Gel-Sol-Umwandlung innerhalb des Cytoplasmas wie auch der Erscheinung der cytoplasmatischen Kontraktionen muß eine Strukturtheorie gerecht werden. Als einer

der ersten hat LEWIS (1942) darauf hingewiesen, daß sich das Cytoplasma
bei Verfestigung kontrahieren kann. SEIFRIZ (1937) und KAMIYA (1940, 1942)
konnten zeigen, daß diese Kontraktionen rhythmisch verlaufen. KAMIYA
(1940, 1942) analysierte sorgfältig die Cytoplasmaströmung an Plasmodien
und kommt zu dem Schluß, daß die Cytoplasmaströmung eine polyrhyth-
mische Bewegung darstellt, die durch zahlreiche sinusähnliche Kontraktionen von verschiedener Periodizität verursacht wird. Diese Kontraktionen erinnern an Muskelkontraktionen und sind vermutlich auf die
Kontraktilität des Actomyosins zurückzuführen. FREY-WYSSLING (1953) hat
diese Auffassung der Cytoplasmaströmung als Kontraktionswellen, die
sich periodisch längs der Plasmafäden bewegen, ebenso wie die Erscheinung
von intrazellulären Gradienten (MONNÉ 1946) als Beweis für seine Haft-
punkttheorie herangezogen, da Kontraktionen von submikroskopischen
Elementen nur dann mikroskopisch sichtbare Wirkungen erzielen können,
wenn die Elemente des betreffenden Systems durch Haftpunkte miteinander in Verbindung stehen. Das entscheidend Neue in dieser Strukturtheorie FREY-WYSSLINGS (1938) ist, wie ZEIGER (1955) mit Nachdruck betont,
der dynamische Charakter dieses Strukturmodells, denn er liefert einen
neuen Aspekt zu dem Problem: Struktur und Funktion. In einem System
ständig wechselnder „Haftpunkte" läßt sich nicht mehr eindeutig bestimmen, was Struktur, also räumliches Gefüge, und was Funktion, d. h. chemischer Prozeß oder Wandel, ist. Da nach dieser Auffassung die Aufrecht-
erhaltung dieser dynamischen Organisation als das wesentliche Charakte-
ristikum des Lebendigen angesehen werden muß, mündet die Strukturforschung in die Theorie vom dynamischen Gleichgewicht ein, wie sie von
BERTALANFFY (1932, 1942) in seiner theoretischen Biologie aufgestellt wurde.
Als Beharrendes erscheint in FREY-WYSSLINGS Strukturtheorie nicht mehr
eine feste Struktur, sondern die Gesetzlichkeit der in sich regulierten,
stationären Abläufe (ZEIGER 1955). Von diesem Gesichtspunkt aus müssen
Strukturen als lang ausgedehnte und langsam ablaufende, Funktionen dagegen als unverhältnismäßig rasche Prozesse aufgefaßt werden, die den
Strukturen supponiert sind. Wird die Feinstruktur der Zelle als dynami-
sches Phänomen aufgefaßt, dann treffen sich Strukturforschung und Zell-
physiologie in einem gemeinsamen Punkt, der nach ZEIGER (1955) in der
Zukunft den Schwerpunkt der Zellforschung darstellen wird.

Literatur

AKERMAN, A., 1917: Untersuchungen über die Aggregation in den Tentakeln von
    Drosera rotundifolia. Bot. Not. **145**.
ALTMANN, 1890: Die Elementarorganismen und ihre Beziehungen zu den Zellen.
AMELUNXEN, F., 1955: Über die Strukturanalyse der Eiweißspindeln der Kakteen.
    Protoplasma **45**.
ANGERER, 1936: J. cellul. a. comp. Physiol. (Am.) **8**.
— und WILBUR, 1943: Physiol. Zool. **16**.
ARDENNE, M. v., 1940: Elektronen-Übermikroskopie. Berlin.
ARENDS, J., 1925: Über den Einfluß chemischer Agenzien auf Stärkegehalt und
    osmotischen Wert der Spaltöffnungsschließzellen. Planta **1**.
ASCHOFF, L., E. KÜSTER und W. J. SCHMIDT, 1938: Hundert Jahre Zellforschung.
    Protoplasma-Monographien **17**.

Bailey, J. W., 1930: The cambium and its derivative tissues. V. Z. Zellforsch. **10**.

Balbach, H., 1936: Über Plasmadifferenzierung in Plasmodien der Schleimpilze. Protoplasma **26**.

Balbiani, E., 1888: Recherches expérimentales sur la mérotomie des Infusoirs ciliés. Rec. zool. Suisse **5**, 1; vgl. auch Ann. Micrographie **4**, 1892.

Bawden, F. C., 1950: Plant Viruses and Virus-Diseases. Waltham. Mass.. U. S. A.
— and F. M. L. Sheffield. 1939: The intracellular inclusions of some plant virus diseases. Ann. appl. Biol. **26**.

Becker, W. A., und Z. Beckerowa. 1936/1937: Zur Frage der Vitalfärbung der Meerescyanophyceen. Cellule **45**.

Bélar, K., 1930: Über die reversible Entmischung des lebendigen Protoplasmas. Protoplasma **9**.

Benecke, W., 1900: Über farblose Diatomeen der Kieler Föhrde. Jb. wiss. Bot. **35**.

Bensley, R. R., 1943: The chemistry of cytoplasm. Biol. Symp. **10**.

Bernard. C., 1875: Leçons sur les anesthésiques et sur l'asphyxie. Paris.

Bernstein, J., 1912: Elektrobiologie. Braunschweig.

Bertalanffy L. v., 1932, 1942: Theoretische Biologie, Bd. 1 und 2. Berlin.

Berthold, G., 1886: Studien über Protoplasmamechanik. Leipzig.

Beyer, A., 1929: Über Tropfenbildung in den Schließzellen der Spaltöffnungen von *Tradescantia zebrina*. Bot. Arch. **26**.

Biedermann, W., 1924: Über Wesen und Bedeutung der Protoplasmalipoide. Pflügers Arch. **202**.

Borries, v., 1949: Die Übermikroskopie. Berlin.

Borriss, H., 1938: Plasmolyseform und Streckungswachstum. Jb. wiss. Bot. **86**.

Breckheimer-Beyrich, H., 1950: Über die Wirkung zentrifugaler Kräfte auf das Protoplasma von *Nitella flexilis*. Ber. dtsch. bot. Ges. **62**.
— 1954: Weitere Erkenntnisse über die Wirkung zentrifugaler Kräfte auf das Protoplasma von *Nitella flexilis*. Ber. dtsch. bot. Ges. **67**.

Brenner, W., 1920: Über die Wirkung von Neutralsalzen auf die Säureresistenz. Permeabilität und Lebensdauer des Protoplasten. Ber. dtsch. bot. Ges. **38**.

Bretschneider, L. H., 1950 a: Elektronenmikroskopische Untersuchung einiger Ziliaten. Mikroskopie **5**.
— 1950 b: Elekronenmikroskopische Strukturuntersuchung der Pflanzenzellen. Proc. Acad. Sc. Amsterdam **53**.

Brücke, E., 1861: Die Elementarorganismen. S.ber. Akad. Wiss. Wien. math.-naturw. Kl. **44**.

Bünning, E., 1926 a: Untersuchungen über die Koagulation des Protoplasmas bei Wundreizen. Bot. Arch. **14**.
— 1926 b: Untersuchungen über Reizleitung und Reizreaktion bei traumatischer Reizung von Pflanzen. Bot. Arch. **15**.
— 1928/29: Untersuchungen über die Seismoreaktionen von Staubgefäßen und Narben. Z. Bot. **21**.
— 1934: Zellphysiologische Studien an Meeresalgen. Protoplasma **22**.

Bütschli, O., 1892: Untersuchungen über mikroskopische Schäume und das Protoplasma. Leipzig.

Caspersson, T., 1941: Studien über den Eiweißumsatz der Zelle. Naturw. **29**.

Cazalas, 1930: Sur l'évolution du vacuome de *Chara* dans ses relations avec les mouvements du cytoplasme. C. r. Acad. Sci. Paris **190**.

Celan, M., 1939: Sur la structure des cellules centrales de *Halopitys pinastroides* (Gmel.) Kütz. C. r. Acad. Sci. Paris **206**.
— 1941: Recherches cytologiques sur les algues rouges. Rev. Cytol. et Cytophys. végét. **5**.

Chattaway, M., 1929: Protoplasmic retractions in *Bryopsis plumosa*. New Phytol. **18**.

Chaze. J., et A. Sarazin, 1933: Altération des constituants cytoplasmiques provoquée dans le *Psalliota* par le parasitisme. C. r. Soc. Biol. Paris **119**.

Claude, A., 1946: Fractionation of mammalian liver cells by differential centrifugation. J. exper. Med. (Am.) **84**.
— and E. F. Fullam, 1946: The preparation of sections of guinea pig liver for electron microscopy. J. exper. Med. (Am.) **83**.

Coelingh, W. M., 1929: Aggregation-substance in the terminal glands of *Drosera*. Kon. Akad. Wetensch. Amsterdam 32.

Cohn, 1850, zitiert bei W. J. Schmidt 1938.

Cole, K. S., and H. J. Curtis, 1939 a: Electric impedance of *Nitella* during activity. J. gen. Physiol. (Am.) 22.

— — 1939 b: Electric impedance of the squid giant axon during activity. J. gen. Physiol. (Am.) 22.

Colla, S., 1943: Estudios sobre la secretion nectarifera III. Arch. biol. vegetal. 1.

Crato, E., 1896: Beiträge zur Anatomie und Physiologie des Elementarorganismus. Beitr. Biol. Pfl. 7.

Dammann, H., 1932: Beitrag zur Kenntnis der Zentralzellen der Gattung *Ceramium*. Ber. dtsch. bot. Ges. 50.

Dangeard, P.. 1947: Cytologie végétale et cytologie générale. Paris.

Darlington, C. D., 1944: Heredity Development and Infection. Nature 154.

Darwin. Ch., 1876: Insektenfressende Pflanzen. Deutsche Übersetzung, Stuttgart.

Davis, B. M.. 1894: Euglenopsis, a new alga like organism. Ann. Bot. 8.

Degen, A., 1905: Untersuchungen über die kontraktile Vakuole und die Wabenstruktur des Protoplasmas. Bot. Ztg. 63.

Denys, G., 1910: Anatomische Untersuchungen an *Polyides rotundus* Gmel. und *Furcellaria fastigiata* Lam. Diss. Kiel.

Diehl, H., 1935: Beiträge zur Biologie von *Olpidopsis saproledinae* Barett. Zbl. Bakter. II, 92.

Drawert, H.. 1949: Zellmorphologische und zellphysiologische Studien an Cyanophyceen. I. Planta 37.

Dubitzky, J.. 1954: Protoplasma und Vakuolenkonfiguration bei *Saprolegnia*. Z. Mikrosk. 51.

Dufrénoy, J.. 1927: Modifications cytologiques des cellules des poils de *Drosera rotundifolia*. C. r. Soc. Biol. Paris 96.

— 1928: Le vacuome des cellules de canne à sucre affectées de mosaique. C. r. Soc. Biol. 99.

— 1929 a: Étude cytologique de rapports entre parasite et cellule végétale. Ann. Inst. Pasteur 43.

— 1929 b: Les vacuoles des cellules glandulaires des poils de plants carnivores. Rev. gén. Bot. 41.

— 1930: Le vacuome des cellules perivasculaires. Protoplasma 11.

— 1931 a: Étude cytologique d'épinard parasités. Rev. pathol. vég. et d'entom. agric. 18.

— 1931 b: Mosaique des tulipes. C. r. Soc. Biol. Paris 108.

— et M. L. Dufrénoy. 1934: Cytology of plant tissues affected by viroses. Phytopathol. 24.

Dujardin, F., 1835: Recherches sur les organismes inférieurs III. Sur les prétendus estomacs des animalcules infusoires et sur une substance applée Sarcode. Ann. Sci. nat. série II, Zool. 4.

— 1841: Histoire naturelle des zoophytes. Paris.

Eibl, K., 1941: Die Restitution der Chromatophorenform der *Micrasterias rotata* nach Schleuderung. Protoplasma 35.

Entz. G.. 1927: Beiträge zur Kenntnis der Peridinee II. Arch. Protistenk. 58.

Ernst, P., 1928: Die Degenerationen und die Nekrose. Handb. d. norm. u. pathol. Physiol., hg. von Bethe u. a. Berlin. Bd. 5.

Etz. K. H., 1939: Über die Wirkung des Austrocknens auf den Inhalt lebender Pflanzenzellen. Protoplasma 33.

Fauré-Fremiet, E., Bessis et J. Thaureaux, 1948: Ultra-structure du hyaloplasma cellulaire. Mikroskopie (Paris) I.

Fessard et Kohler. 1951: In: Mécanisme de la Narcose. Colloques. Internat. du Centre Nat. de la Recherche Scient. 26.

Fischer, A.. 1899: Fixierung, Färbung und Bau des Protoplasmas. Jena.

Flemming, W., 1882: Zellsbustanz, Kern und Zelltheilung. Leipzig.

Frey-Wyssling, A., 1938: Submikroskopische Morphologie des Protoplasmas und seiner Derivate. Protoplasma-Monographien 15.

— 1948: Submicroscopic morphology of protoplasm. New York and London.

— 1953: Submicroscopic morphology of Protoplasm. 2. Aufl. New York and London.

Frey-Wyssling. A.. and F. Plank. 1940: Growth of protoplasm and nitrogen migration in the coleoptile of *Zea mays.* Nature 1940.

Frommann. D.. 1884: Untersuchungen über Struktur. Lebenserscheinungen und Reaktionen tierischer und pflanzlicher Zellen. Jena. Z. Naturw. 17.

Geitler, L., 1925: Über *Polygangium parasiticum* n. sp., eine submerse parasitische Myxobakteriacee. Arch. Protistenk. **50.**

— 1937 a: Zur Morphologie der Pollenkörner von *Clarkia elegans.* Planta **27.**

— 1937 b: Chromatophor. Chondriosomen. Plasmabewegungen und Kernbau von *Pinnularia nobilis* und einigen anderen Diatomeen nach Lebendbeobachtungen. Protoplasma **27.**

Gellhorn, 1929: Das Permeabilitätsproblem. Berlin.

Germ. K., 1932: Untersuchungen über die systrophische Inhaltsverlagerung in Pflanzenzellen nach Plasmolyse I. Protoplasma **14.**

— 1933 a: Dass. II. Protoplasma **17.**

— 1933 b: Dass. III. Protoplasma **18.**

— und M. Kietreiber. 1956: Vitale Entmengung des Cytoplasmas von *Cyclamen.* Protoplasma **46** (Weber-Festschrift).

Gicklhorn, J., 1929: Beobachtungen über die vitale Farbstoffspeicherung. Kolloidchem. Beih. **28.**

— 1932: Intracelluläre Myelinfiguren und ähnliche Bildungen bei der reversiblen Entmischung des Protoplasmas. Protoplasma **15.**

— und Fr. Weber. 1927: Über Vakuolenkontraktion und Plasmolyseform. Protoplasma **1.**

Goldacrie, R. J.. and I. J. Lorch. 1950: Folding and unfolding of Protein molecules in relation to cytoplasmic streaming. ameboid Movement and osmotic work. Nature **166.**

Goncalves da Cumba. A., 1938: Zytologische Studien über die Nektarien des Blattstieles von *Ricinus communis* L. Bot. Soc. Broteriana. Sér. 2 A 13.

Guilliermond, A.. G. Mangenot et L. Plantefol, 1933: Traité de cytologie végétale. Paris.

Guilliermond-Atkinson, L. R.. 1941: The cytoplasma of the plant cell. Waltham. Mass., U. S. A.

Guttenberg, H. v., 1951: Lehrbuch der allgemeinen Botanik.

Haan. I. de, 1931: On the protoplasm permeability to water during the recovery from plasmolysis. Proc. Kon. Akad. Wetensch. Amsterdam **34.**

— 1933: Protoplasmaquellung und Wasserpermeabilität. Diss. Groningen.

Hanstein. J. v.. 1880: Das Protoplasma als Träger der pflanzlichen und tierischen Lebensverrichtungen. Heidelberg.

Heidenhain. M.. 1907: Plasma und Zelle. Jena.

Heilbrunn. L. V.. 1951: Mécanisme de la Narcose. Colloques Internat. du Centre Nat. de la Recherche Scient. **26.** Paris.

— 1952: An outline of general Physiology, 3. Aufl. Philadelphia und London.

— und K. Daugherty, 1933: The action of ultraviolet rays on Amoeba protoplasm. Protoplasma **18.**

Heitzmann, 1873, zitiert bei W. J. Schmidt 1938.

Hellweger, H., 1935: Über Plasmolyseorte, -form und -zeit in Zusammenhang mit der Chloroplastenstellung. Untersuchungen an Farnprothallien. Protoplasma **23.**

Henner. J.. 1934: Untersuchungen über Spontankontraktion der Vakuolen. Protoplasma **21.**

Höber, 1926: Physikalische Chemie der Zelle und der Gewebe. 6. Aufl. Leipzig.

— 1945: The Physical Chemistry of Cells and Tissues. Philadelphia.

Höfler, K., 1932: Plasmolyseform bei *Chaetomorpha* und *Cladophora.* Protoplasma **16.**

— 1934: Kappenplasmolyse und Salzpermeabilität. Z. Mikrosk. **51.**

— 1939: Nekroseformen pflanzlicher Zellen. Ber. dtsch. bot. Ges. **56.**

— 1947: Einige Nekrosen bei Färbung mit Akridinorange. S.ber. Akad. Wiss. Wien. math.-naturw. Kl.. Abt. I, **156.**

— und L. Höfler. 1952: Osmoseverhalten und Nekroseformen von *Euglena.* Protoplasma **41.**

Hof, A. C., 1898: Histologische Studien an Vegetationspunkten. Bot. Zbl. **76.**

Hofe, Fr. v., 1933: Permeabilitätsuntersuchungen an *Psalliota campestris.* Planta **20.**

Hofmeister, W., 1867: Die Lehre von der Pflanzenzelle. Leipzig.

Iljin, W., 1933: Über das Absterben der Pflanzengewebe durch Austrocknung und über ihre Bewahrung vor dem Trockentode. Protoplasma 19.

Iwanowski, D., 1903: Über die Mosaikkrankheit der Tabakpflanze. Z. Pflanzenkrankh. 13.

Janse, J. M., 1906: Polarität und Organbildung bei *Caulerpa prolifera*. Jb. wiss. Bot. 42.

— 1910: Über Organveränderung bei *Caulerpa prolifera*. Jb. wiss. Bot. 48.

— 1927: Eine neue Einteilung der Pflanzenbewegungen. Flora 122.

Jeener, R., 1948: L'hétérogénéité des granules cytoplasmiques : données complémentaires fournies par leur fractionnement en solution saline concentrée. Biochim. et Biophys. Acta 2.

Jost, L., 1929: Einige physikalische Eigenschaften des Protoplasmas von *Valonia* und *Chara*. Protoplasma 7.

Jungers, V., 1934: Die Verlagerungsfähigkeit des Zellinhalts der Zwiebelschuppen von *Allium cepa* durch Zentrifugierung. Protoplasma 21.

Kamiya, N., 1940: The control of protoplasmic streaming. Science 92.

— 1942: Physical aspects of protoplasmic streaming. Seifriz Symposium on the structure of protoplasm. Iowa 199.

Kenda, G., 1954: Eiweißspindeln in *Opuntia monacanthus* f. *variegata*. Protoplasma 44.

Kerr, Th., 1933: The injection of certain salts into the protoplasm of vacuoles of the root hairs of *Limnobium spongia*. Protoplasma 18.

Keynes, R. D., 1951 a: The Leakage of radioactive potassium from stimulated nerve. J. Physiol. (Brit.) 113.

— 1951 b: The ionic movements during nervous activity. Jb. Physiol. (Brit.) 114.

Klemm, P., 1895: Desorganisationserscheinungen der Zelle. Jb. wiss. Bot. 28.

Köhler, A., 1942: Das Phasenkontrastverfahren, eine neue Untersuchungsmethode mit dem Mikroskop. Forsch. und Fortschr. 18.

— und W. Loos, 1941: Das Phasenkontrastverfahren und seine Anwendung in der Mikroskopie. Nature 29.

Kölbel, H., 1948: Quantitative Untersuchungen über den Speicherungsmechanismus von Rhodamin B, Eosin und Neutralrot in Hefezellen. Z. Naturforsch. 3 b.

Krabbe, G., 1887: Ein Beitrag zur Kenntnis der Struktur und des Wachstums vegetabilischer Zellhäute. Jb. wiss. Bot. 18.

Kühne, W., 1864: Untersuchungen über das Protoplasma und die Contraktilität. Leipzig.

Küster, E., 1906: Über den Einfluß wasserentziehender Lösungen auf die Lage der Chromatophoren. Ber. dtsch. bot. Ges. 24.

— 1910: Über Inhaltsverlagerungen in plasmolysierten Zellen. Flora 100.

— 1918: Über Vakuolenteilung und grobschaumige Protoplasten. Ber. dtsch. bot. Ges. 36.

— 1926: Beiträge zur Kenntnis der Plasmolyse. Protoplasma 1.

— 1929 a: Pathologie der Pflanzenzelle. 1. Pathologie des Protoplasmas. Protoplasma-Monographien 3. Berlin.

— 1929 b: Einige Mitteilungen über Plasmaraketen, Plasmatentakeln und Plasmazungen. Protoplasma 7.

— 1933 a: Über Zellsaft, Protoplasma und Membran von *Bryopsis*. Ber. dtsch. bot. Ges. 51.

— 1933 b: Dellen und Löcher im Protoplasma lebender Pflanzenzellen. Protoplasma 19.

— 1933 c: Hundert Jahre Tradescantia. Jena.

— 1933: Systrophe und Messung des Protoplasmas. Z. wiss. Mikrosk. 52.

— 1938: Hundert Jahre Zellforschung. Protoplasma-Monographien 17.

— 1939 a: Über Plasmapfropfungen. Beitr. z. entw.mechan. Anatomie der Pflanzen 2. Jena.

— 1939 b: Über Vakuolenkontraktion und Anthocyanophoren bei *Pulmonaria*. Cytol. 10.

— 1940: Neue Objekte zur Untersuchung der Vakuolenkontraktion. Ber. dtsch. bot. Ges. 58.

— 1942: Vitalfärbung und Vakuolenkontraktion. Z. wiss. Mikrosk. 58.

Küster, E., 1951: Die Pflanzenzelle. 2. Aufl. Jena.
— 1952 a: Zytomorphologische Beobachtungen an *Bryopsis*. Arch. Protistenk. **98**.
— 1952 b: Zytomorphologische Beobachtungen an *Chaetomorpha*. Protoplasma **41**.
Laber, I., 1954: Entwicklung und Nekrose einiger kurzlebiger Pflanzenhaare. Protoplasma **43**.
Lanz, J., 1939: Über die Wirkung der Zentrifugenbehandlung auf den lebendigen Zellinhalt. Arch. exper. Zellforsch. **23**.
— 1940: Beiträge zur Plasmamorphologie der Rotalgen. Protoplasma **34**.
— 1942 a: Neue Beiträge zur Kenntnis der Systrophe des Protoplasmas. Protoplasma **36**.
— 1942 b: Über Protoplasma und Vakuolen der *Cladophora*-Zelle. Ber. dtsch. bot. Ges. **60**.
Lehmann, F. E., 1947: Über die plasmatische Organisation tierischer Eizellen und die Rolle vitaler Strukturelemente, der Biosomen. Revue suisse de Zool. **54**.
— 1950: Globulare Partikel als submikroskopische Elemente des tierischen Zytoplasmas. Experientia **6**.
Lepeschkin, W. W., 1925: Über den Aggregatzustand der protoplasmatischen Fäden und Stränge der Pflanzenzellen. Ber. dtsch. bot. Ges. **43**.
— 1927: Mechanische Koagulation der lebenden Materie und Analogie zwischen Grundstoffen derselben und Explosivstoffen. Arch. exper. Zellforsch. **4**.
— 1937: Zell-Nekrobiose und Protoplasma-Tod. Protoplasma-Monographien **12**. Berlin.
— 1943: Zur Kenntnis des Absterbens der Hefe beim Austrocknen. Protoplasma **37**.
Lewis, W. H., 1942: The relation of the viscosity changes of protoplasm to ameboid locomotion and cell division. Seifriz Symposium on the structure of protoplasm. Iowa **163**.
Leydig, 1885, zitiert bei W. J. Schmidt 1938.
Lillie, R. S., 1912: Antagonism between salts and anaesthetics. Further observations showing parallel decrease in the stimulating, permeability-increasing, and toxic actions of salt solutions in the presence of anaesthetics. Amer. J. Physiol. **31**.
— 1932: Protoplasmic action and Nervous Action. 2. Aufl. Chicago.
Linsbauer, K., 1927: Weitere Beobachtungen an Spaltöffnungen. Planta **3**.
Luerssen, Chr., 1871: Über den Einfluß des roten und blauen Lichtes auf die Strömung des Protoplasmas in den Brennhaaren von *Urtica* und den Staubfadenhaaren von *Tradescantia virginica*. Abh. Natur. Verh. Bremen **2**.
Mangenot, G., 1929 a: Sur les phénomènes dits d'aggrégation et la disposition des vacuoles dans les cellules conductrices. C. r. Acad. Sci. Paris **188**.
— 1929 b: Sur les phénomènes de fragmentation vacuolaire dits d'aggrégation. Arch. micr. anat. **25**.
— 1929 c: Sur les constituants morphologiques du cytoplasma des *Spirogyra*. C. r. Soc. Biol. **101**.
Marquardt, H., 1952: Die Natur der Erbträger im Zytoplasma. Ber. dtsch. bot. Ges. **65**.
Meyer, A., 1914: Untersuchungen über den Sporophyt der Lebermoose. Ber. dtsch. bot. Ges. **32**.
— 1920: Die Plasmabewegung, verursacht durch eine geordnete zweite Bewegung von Molekülen. Ber. dtsch. bot. Ges. **38**.
Milovidov, P. F., 1930: Einfluß der Zentrifugierung auf das Vakuom. Protoplasma **10**.
Moder, A., 1932: Beiträge zur protoplasmatischen Anatomie des *Helodea*-Blattes. Protoplasma **16**.
Möbius, M., 1937: Geschichte der Botanik. Jena, Fischer.
Möllendorf, W. v., 1936: Beiträge zum Problem der Zellenviskosität. Arch. wiss. exper. Zellforsch. **19**.
Mohl, H. v., 1846: Über die Saftbewegung im Innern der Zelle. Bot. Ztg. **4**.
Molisch, H., 1917: Das Plasmamosaik in den Rhaphidenzellen der Orchideen *Haemaria* und *Anoectochilus*. S.ber. Akad. Wiss. Wien. math.-naturw. Kl., I. Abt., **126**.
— 1923: Mikrochemie der Pflanze. 3. Aufl. Jena.
Monné, L., 1942 (Cytoplasm, submicroscopic structure). Arch. zool. **34** B. 5.
— 1946 (Sea urgin egg, polar organization). Arch. zool. **38** A. 15.

NÄGELI, C., 1928: Micellartheorie. Ostwalds Klassiker, Nr. 227, hg. von A. Frey. Leipzig.
— und H. CRAMER, 1855: Pflanzenphysiologische Untersuchungen I. Zürich.
NOLL, F., 1887: Experimentelle Untersuchungen über das Wachstum der Zellmembran. Abh. Senckenberg. naturf. Ges., Frankf. Main 15.
— 1903: Beobachtungen und Betrachtungen über embryonale Substanz. Biol. Zbl. 23.
OSTERHOUT, W. J. v., 1913: Protoplasmic contractions resembling plasmolysis which are caused by pure distilled water. Bot. Gaz. 55.
PEKAREK, J., 1929 a: Vitalfärbung von Nektarien. Kolloid-Beih. 28.
— 1929 b: Die Vitalfärbung als allgemeine botanische Untersuchungsmethode. Kolloid-Beih. 28.
PFEFFER, W., 1890: Zur Kenntnis der Plasmahaut und der Vakuolen nebst Bemerkungen über den Aggregatzustand des Protoplasmas und über osmotische Vorgänge. Abh. math.-physik. Kl. d. K. Sächs. Ges. d. Wiss. 16.
— 1904: Pflanzenphysiologie. 1. und 2. Aufl. Leipzig.
PFEIFFER, H. H., 1931: Über die Plasmolyse nackter Protoplasten in hypertonischen Medien. Cytol. 3.
PHILLIPS, R. W., 1926: On the form of the protoplast in cells of the genus Ceramium and those of Dasya coccinea. New Phytol. 25.
PRAT, S., 1934: Stimulation plasmolysis on marine algae. Acta adriat. 4.
RACIBORSKI, M., 1896: Über den Einfluß äußerer Bedingungen auf die Wachstumsweise des Basidiobolus ranarum. Flora 82.
RAYBAUD, L., 1911: Influence du milieu sur les Mucorinées. Ann. Fac. Sci. Marseille 20.
REINKE, J., 1881: Studien über das Protoplasma. Berlin.
REUTER, L., 1937: Beiträge zur protoplasmatischen Pflanzenanatomie I. Protoplasma 29.
— 1948: Zur protoplasmatischen Anatomie des Keimblattes von Soja hispida. Öst. Bot. Z. 95.
— 1955: Protoplasmatische Pflanzenanatomie. Protoplasmatologia XI. 2.
RHUMBLER, L., 1914: Das Protoplasma als physikalisches System. Erg. Physiol. 14.
ROSENZOPF, E., 1931: Sind Eiweißspindeln Virus-Einschlußkörper? Phyton 3.
RUGE, U., 1937: Untersuchungen über den Einfluß des Heteroauxins auf das Streckungswachstum des Hypokotyls von Helianthus annuus. Z. Bot. 31.
SACHS, J., 1874: Lehrbuch der Botanik. 3. Auflage.
SAKAMURA, T., 1922: Selbstvergiftung der Spirogyren. Bot. Mag. Tokyo 36.
SALMON, J., 1939: Formation et structure des tubes criblés dans l'axe hypocotylé de Cucurbita pepo. C. r. Acad. Sci. Paris 208.
SCARTH, G. W., 1928: The structural organization of plant protoplasma in the light of micrurgy. Protoplasma 2.
— 1942: Structural differentiation of Cytoplasm. (SEIFRIZ) Symposium on the structure of protoplasm. Iowa 99.
SCHEITTERER, H., 1930: Plasmolyseort der Blattpalisadenzellen. Protoplasma 10.
— und FR. WEBER, 1930: Hypotonie-Tod von Pflanzenzellen. Protoplasma 10.
SCHIMPER, A. F. W., 1882: Notizen über insektenfressende Pflanzen. Bot. Ztg. 40.
SCHINDLER, H., 1938 a: Tötungsart und Absterbebild I. Der Alkalitod der Pflanzenzelle. Protoplasma 30.
— 1938 b: Tötungsart und Absterbebild II. Der Säuretod der Pflanzenzelle. Protoplasma 30.
— 1944 a: Protoplasmatod durch Schwermetallsalze I. Protoplasma 38.
— 1944 b: Protoplasmatod durch Schwermetallsalze II. Protoplasma 38.
SCHMIDT, E. W., 1914: Das Verhalten von Spirogyrazellen nach Einwirkung hoher Zentrifugalkräfte. Ber. dtsch. bot. Ges. 32.
SCHMIDT, W. J., 1934: Submikroskopischer Bau von Zellen und Geweben. Hdb. biol. Arbeitsmeth., Abt. V. Teil 10.
— 1937: Die Doppelbrechung von Karyoplasma. Zytoplasma und Metaplasma. Berlin.
— 1938: Hundert Jahre Zellforschung. Protoplasma-Monographien 17.
— 1941: Die Doppelbrechung des Protoplasmas und ihre Bedeutung für die Erforschung seines submikroskopischen Baues. Erg. Physiol. 44.

Schmidt, H., 1952: Der Neo-Pleomorphismus in der Mikrobiologie. Ber. dtsch. bot. Ges. 65.

Schorr, L., 1939: Beiträge zur Bewegungsphysiologie der Diatomeen. Arch. Protistenk. 92.

Schrödter, K., 1926: Zur physiologischen Anatomie der Mittelzelle drüsiger Gebilde. Flora 120.

Schultze, M., 1863: Das Protoplasma der Rhizopoden und der Pflanzenzellen. Ein Beitrag zur Theorie der Zelle. Leipzig.

Schwengberg, L., 1949: Beiträge zur Kenntnis der Vakuolen und Plasmakonfiguration der Pflanzenzelle. Diss. Gießen.

Seifriz, W., 1928: New material for microdissection. Protoplasma 3.
— 1936: Protoplasm. New York und London.
— 1937: A Theory of Protoplasmic streaming. Science 86.
— 1938: The structure of living matter. Biodynamica 1.
— 1939: Pathological changes in protoplasm. Protoplasma 32.
— 1942: The structure of protoplasm. A monograph of the Americ. society of plant physiologists. Iowa.
— 1945: The structure of Protoplasm II. Bot. Rev. 11.
— 1952: Rheological properties of protoplasm. In "Deformation and Flow in Biological System", ed. by A. Frey-Wyssling. New York. 3—156.
— 1953: Mechanism of protoplasmic movement. Nature 171.
— 1955 a: Microscopic and submicroscopic structure of cytoplasm. Handb. d. Pflanzenphysiologie. Bd. 1. Springer-Verlag.
— 1955 b: The physical chemistry of cytoplasm. Handb. d. Pflanzenphysiologie (herausgeg. v. W. Ruhland) 1.

Sheffield, F. M. L., 1931: The formation of intracellular inclusions in solanaceous hosts infected with Aucuba mosaic of tomato. Ann. appl. Biol. 18.
— 1934: Experiments bearing on the nature of intracellular inclusions in plant virus diseases. Ann. appl. Biol. 21.
— 1936: The role of plasmodesms in the translocation of virus. Ann. appl. Biol. 23.
— 1939: Micrurgical studies on virus infected plants. Proc. roy. Soc., Lond. B 126.

Smith, K. M., 1946: The Virus. Life's Enemy. 2. Aufl. London. Cambridge University Press.

Staudinger, H., und M. Staudinger, 1954: Makromolekular-Chemie und ihre Bedeutung für die Protoplasmaforschung. Protoplasmatologia I/1.

Strasburger, E., 1876: Studien über Protoplasma. Jena. Naturw. 10.
— 1882 a: Über den Bau und das Wachstum der Zellhäute. Jena.
— 1882 b: Über den Teilungsvorgang der Zellkerne und das Verhältnis der Kernteilung zur Zellteilung. Arch. mikrosk. Anat. 21.

Strugger, S., 1926: Untersuchung über den Einfluß der Wasserstoffionen auf das Protoplasma der Wurzelhaare von *Hordeum vulgare*. S.ber. Akad. Wiss. Wien. math.-naturw. Kl. 135.
— 1926/1927: Untersuchungen über den Einfluß der Wasserstoffionen auf das Protoplasma der Wurzelhaare von *Hordeum vulgare* L. S.ber. Akad. Wiss. Wien. math.-naturw. Kl. 137.
— 1931: Zur Analyse der Vitalfärbung pflanzlicher Zellen mit Erythrosin. Ber. dtsch. bot. Ges. 49.
— 1932: Über Plasmolyse mit Kaliumrhodanid. Ber. dtsch. Bot. Ges. 50.
— 1934: Beiträge zur Physiologie des Wachstums I. Jb. wiss. Bot. 79.
— 1947: Die Vitalfluorochromierung des Protoplasmas. Naturw. 34.
— 1949: Praktikum der Zell- und Gewebephysiologie der Pflanze. 2. Aufl. Berlin-Göttingen-Heidelberg.
— 1954: Die Proplastiden in den jungen Blättern von *Agapanthus umbellatus* L'Herit. Protoplasma 43.

Toth, A., 1949: Quantitative Untersuchungen über die Wirkungen der UV-Bestrahlung auf die Plasmapermeabilität. Öst. bot. Z. 96.

Unger, F., 1855: Anatomie und Physiologie der Pflanzen. Wien.

Uragucki, M., 1941: Rhythmic banding protoplasm. Cytol. 11.

Verworn, M., 1895: Allgemeine Physiologie. Jena.
— 1896: Der körnige Zerfall. Ein Beitrag zur Physiologie des Todes. Pflügers Arch. 63.
— 1922: Allgemeine Physiologie. 7. Aufl. Jena.

VOGT, A., 1949: Über die experimentelle Füllung lebender Pflanzenzellen mit zellenfremden Stoffen. Ber. d. Oberhess. Ges. f. Natur- und Heilk., Gießen, Naturwiss. Abt. N. F. **24**, Diss. Gießen, 1948.

WADA, B.. 1932: Mikrurgische Untersuchungen lebender Zellen in Teilung. Cytol. **4**.

WEBER, Fr., 1925: Plasmolyseform und Kernform funktionierender Schließzellen. Jb. wiss. Bot. **64**.

— 1929 a: Protoplasmatische Pflanzenanatomie. Protoplasma **8**.

— 1929 b: Vakuolenkontraktion, Tropfenbildung und Aggregation. Protoplasma **9**.

— 1929 c: Plasmolyseort. Protoplasma **7**.

— 1930 a: Vakuolenkontraktion vitalgefärbter *Elodea*-Zellen. Protoplasma **9**.

— 1930 b: Vakuolenkontraktion und Vitalfärbung in Blütenblattzellen. Protoplasma **11**.

— 1930 c: Vakuolenkontraktion und Plasmaentmischung in Blütenblattzellen. Protoplasma **10**.

— 1935: Vakuolenkontraktion der Borraginaceen-Blütenzellen als Synärese. Protoplasma **22**.

— 1936: Vakuolenkontraktion und Anthocyanophoren in *Pulmonaria*-Blütenzellen. Protoplasma **26**.

— 1952: Trypanoplasten-Viruskörper von *Rhipsalis*. Phyton **3**.

— 1954: Eiweißkristalle in *Lilium Henryi*. Phyton **5**.

— 1955: Virus-Kristalle in *Lilium*. Protoplasma **44**.

— und G. KENDA, 1952: Cactaceen-Virus-Eiweißspindeln. Protoplasma **41**.

WEIDE, A.. 1939: Beobachtungen an Plasmaexplantaten von Phycomyces. Arch. exper. Zellforsch. **23**.

WEISMANN, A.. 1892: Das Keimplasma. Jena.

WENT, F. A. F. C.. 1888: Die Vermehrung der normalen Vakuolen durch Teilung. Jb. wiss. Bot. **19**.

WILL-RICHTER, G.. 1949: Der osmotische Wert der Lebermoose. S.ber. Akad. Wiss. Wien. math.-naturw. Kl.. Abt. I. **158**.

WILSON. W. L... and L. V. HEILBRUNN. 1952: The protoplasmic cortex in relation to stimulation. Biol. Bull. (Am.) **103**.

WINTERSTEIN. 1926: Die Narkose. Berlin.

WYCKOFF, 1949: Electron Microscopy. Technique and Applications. New York.

ZECH. H.. und L. VOGT-KÜHNE 1955: Untersuchungen zur Reproduktion des Tabakmosaikvirus. Exper. Cell Res. **10**.

ZEIGER, K.. 1955: Morphologie des Cytoplasmas. Handb. d. allgemein. Pathologie 2. Bd. 1. Springer.

ZIMMERMANN. A.. 1922: Die Cucurbitaceen. Jena.

ZIMMERMANN. W.. 1923: Zytologische Untersuchungen an *Spacelaria fusca* Ag. Z. Bot. **15**.

— 1925: Helgoländer Meeresalgen I—VI. Wiss. Meeresuntersuchungen Helgoland **16**. Nr. 1 (vgl. auch Ber. dtsch. bot. Ges. 1923, 41).

ZIRKLE, C., 1932: Vacuoles in primary meristems. Z. Zellforsch. usw. **16**.

ZWORYKIN, MORTON, RAMBERG, HILLIER and VANCE, 1945: Electron Optics and the Electron Microscope. New York.

Intravakuoläres Protoplasma

Von

Ernst Küster †, Gießen (Lahn)

Mit 7 Textabbildungen

Inhaltsübersicht

Seite

Einleitung 1
Entstehung 2
Geeignetes Untersuchungsmaterial 2
Physikalische Einwirkungen 4
Chemische Einwirkungen 6
Bewegungserscheinungen 7
Physiologie 9
Verwandte Erscheinungen 9
Literatur 11

Einleitung

Es gehört zu den Kennzeichen der Pflanzenzelle, daß ihr Protoplasmagehalt ein Kontinuum darstellt und lückenlos der Membran anliegt. Verliert der Protoplast seine Kontinuität und wird er in zwei oder mehr selbständige Stücke zerlegt, so wird auch dann, wenn die Membran die Trümmerstücke noch umgibt, der Zweifel berechtigt sein, ob man das vorliegende Gebilde noch als e i n e Zelle ansprechen darf oder ob dieses als eine Gruppe von mehreren in einem Lumen liegenden Zellen zu gelten hat — namentlich dann, wenn der Zerfall eine vielkernige Zelle betroffen und jedes Teilstück einen oder mehrere Zellkerne aufzuweisen hat und durch diese Ausstattung der kompletten ursprünglichen Zelle ähnlich wird.

Zerlegungen solcher Art werden vor allem durch Plasmolyse leicht und schonend erreicht: aber auch Zertrümmerungen durch mechanische Gewalt oder Angriffe anderer Art werden von vielen Protoplasten willig ertragen.

Ein besonderer Fall des Kontinuitätsverlustes kommt für Zellen in Betracht, die einen ansehnlichen Zellsaftraum besitzen: die ihn umgebende Protoplasmaschicht kann große oder kleine Portionen einzeln oder zu mehreren an den Zellsaftraum abgeben, solchen Teilstücken gegenüber sprechen wir mit Cholodni (1923) von i n t r a v a k u o l ä r e m Protoplasma. Intravakuoläres Protoplasma kann die ihm bisher fremde allseitige

Umspülung mit Zellsaft ertragen und auch trotz der Trennung von der Hauptmasse des Zellenleibes und auch von dem Zellkern in den meisten Fällen sehr lange am Leben bleiben; es kann auch wieder mit der Hauptmasse des Protoplasten verschmelzen und die Kontinuität des Plasmabesitzes der Zelle wieder herstellen und den status quo ante der Plasmakonfiguration wieder zurückgeben.

Intravakuoläres Protoplasma ist kaum jemals als Erscheinung der normalen Cytogenese zu bewerten; es stellt vielmehr eine pathologische Veränderung der Protoplasmakonfiguration dar, die sich unter Umständen der verschiedensten Art entwickeln kann. Die Kräfte, die den bisher kontinuierlichen Protoplasmakörper zerlegen, sind entweder zelleigene oder zellfremde: Zelleigene Kräfte sind im Spiele, wenn lebhafte Protoplasmaströmung einen plasmatischen Wandbelag zerreißt oder wenn kapillare Kräfte einen Plasmafaden in Stücke zerfallen lassen. Zellfremde Kräfte sind am Werk, wenn die Zertrümmerung der Wandbeläge oder der Plasmafäden durch mechanische Angriffe, elektrische Schläge usw. herbeigeführt oder erleichtert wird.

Entstehung

Schon früh sind die in Rede stehenden Erscheinungen an denjenigen Zellen beobachtet worden, die durch lebhafte Plasmaströmung die Aufmerksamkeit der Mikroskopiker auf sich gelenkt haben, und eben diese Strömung läßt es zur Bildung frei in der Vakuole schwimmender Plasmatrümmer kommen.

Hofmeister (1867, 56), der wohl als erster den Vorgang des intravakuolären Protoplasmas gesehen hat, beschreibt ihn: Es löste sich ein Klumpen Protoplasma vom Hauptstrang, rotierte rasch im Zellsaft, kontrahierte sich wie eine Amöbe, nahm verschiedene Formen an und legte sich endlich an einen rasch fließenden Protoplasmafaden, mit welchem der Klumpen langsam verschmolz.

Ballung des Protoplasmas entsteht nach Klemm's (1895) Darlegungen an *Trianea*-Wurzeln durch Reißen der den Zellsaftraum durchziehenden Protoplasmafäden wie durch Abgabe kleiner Portionen vom wandständigen Plasma. Nach Zusatz von 1%iger Oxalsäure gerät stellenweise die Bewegung der Plasmafäden ins Stocken: es werden Buckel und Auftreibungen an ihnen sichtbar, die langsam und offenbar passiv fortgetragen werden: schließlich zerreißen die Fäden, die Plasmaballen werden isoliert. Anschwellungen des wandständigen Protoplasmabelages werden mehr und mehr in den Saftraum vorgeschoben, während ihre mit dem strömenden Plasma noch verbundene Basis fortrückt: „so werden die Ballen allmählich hinten (auf die Stromrichtung bezogen) abgerundet, die Basis des Ballens immer kleiner, schließlich zerreißt sie" (Klemm 1895, 663, 664).

Geeignetes Untersuchungsmaterial

Ein außerordentlich aufschlußreiches Objekt, das zur Beobachtung der beschriebenen Erscheinungen einladet, liefern die widerstandsfähigen Protoplasmaexplantate von *Bryopsis* (Küster 1939 a), die man nach grobchirurgischem Angriff auf die Integrität der Zellen leicht gewinnen und ohne Schwierigkeiten lange beobachten kann. Vom Rande einer grobkörnigen Protoplasmamasse stammt das in Abb. 1 dargestellte Stück; in einer

stark vorgewölbten Vakuole erheben sich zwei kräftige Plasmafäden, an deren Enden kleine oder größere Plasmatropfen sich freizumachen im Begriff sind.

Was man bei *Bryopsis* im großen beobachten kann, zeigt sich bei manchen anderen Objekten im kleinen. Kurze, dicke Plasmastränge entwickeln sich in den Korollenzellen der *Camellia* in den Zellsaftraum hinein, in dem sie tropfig zerfallen können, so daß isolierte Tröpfchen in der Vakuole sichtbar werden (KÜSTER 1932; 1956, Abb, 30). Diese Stücke werden durch Zerfall der Plasmatentakeln frei, die ihr Wachstum eingestellt haben — oder werden rhythmisch an der Spitze noch wachsender Tentakeln abge-

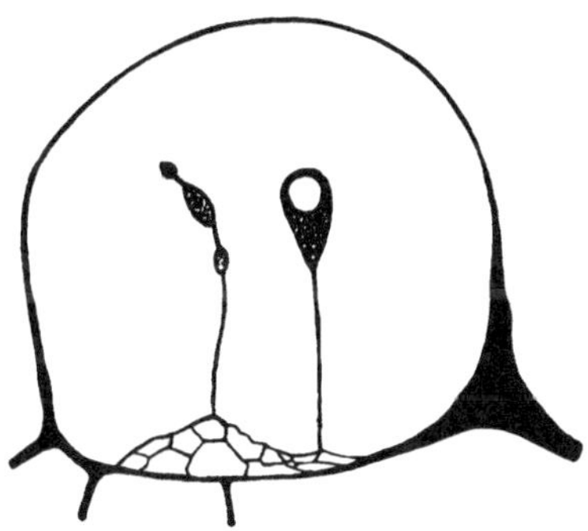

Abb. 1. Entstehung intravakuolären Protoplasmas in der Vakuole eines Plasmaexplantates von *Bryopsis*: die Plasmatropfen sind zunächst noch durch einen feinen Faden mit der Protoplasmaschicht verbunden.
(Nach KÜSTER.)

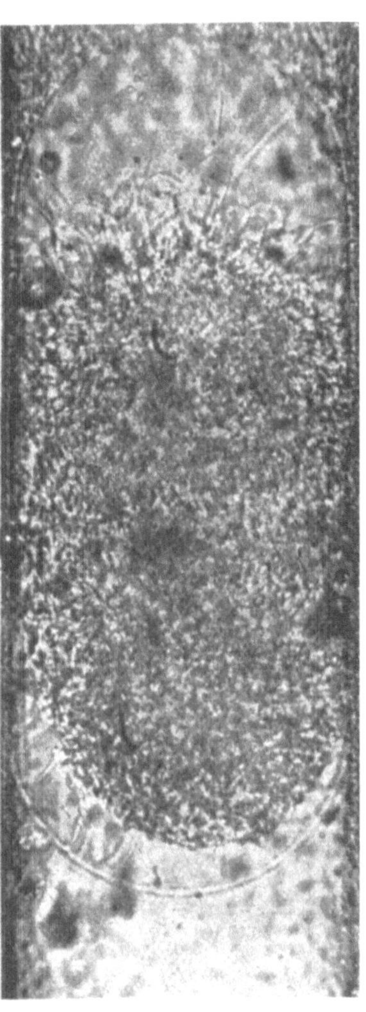

Abb. 2. Intravakuoläres Protoplasma: Sporangienträger von *Phycomyces Blakesleanus*; das dargestellte Stück eines Sporangiumträgers enthält in seiner Vakuole einen zylindrischen Meniskus grobkörnigen, an seinen beiden Enden stark vakuolisierten Protoplasmas; derbe Plasmafäden sind an beiden Polen leicht zu erkennen. Oben grenzt an den intravakuolären Plasmameniskus das normale Spitzenplasma des Sporangiumträgers, unten die Vakuolenflüssigkeit.
(Nach WEIDE.)

schnürt; es wurden Fälle beobachtet, in welchen alle 6—8 Sekunden ein Bläschen in die Vakuolenflüssigkeit abging (KÜSTER 1932, 132).

Die Entstehung intravakuolärer Protoplasmatropfen ist an manchen

Objekten leicht zu sehen. Hervorragendes Untersuchungsmaterial sind vor allem die Internodialzellen der Charazeen (Rhumbler 1902, 301 : Stålberg 1927) und die Sporangienträger von *Phycomyces* (Kirchheimer 1933) und ähnlicher Mukorazeen. Rhumbler spricht von „in die Zelle verschwemmten Plasmapartien", die er „Plasmaschlacken" nennt. Zuweilen kann der Vakuolenraum der genannten Objekte streckenweise mehrere hundert Mikron weit durch zylindrische Protaplasmamenisken völlig gesperrt werden, indem die Plasmapfropfen die ganze Breite des Vakuolenraumes in Anspruch nehmen. Obwohl ihr Abrundungsstreben noch das normal gelagerte und das in die Vakuole verlagerte Protoplasma unter sanften Druck setzt, bleibt das letzte selbständig: eine Fusion tritt bei *Phycomyces* im allgemeinen nicht ein (Abb. 2) (Weide 1939).

Die genannten Kryptogamen bieten nicht nur durch ihre Protoplasmaströmung, sondern auch durch den Plasmareichtum ihrer Zellen besonders günstiges Material für die Behandlung unserer Frage. Reich an Protoplasma sind die Keulenhaare der *Viola*-Blüten, deren intravakuoläre Plasmatrümmer zuweilen auffallend werden können (Greb 1936). Dasselbe gilt wohl für die Blasenhaare von *Mesembrianthemum* (Linsbauer 1932), auch für das Endosperm von *Ceratophyllum* (Hofmeister 1867, 51). Pfeffer (1886), Klemm (1895, 663) und Cholodny (1923) benutzten *Trianea*-Wurzeln für diese Beobachtungen. Für Zellen mit schmächtigem Protoplasmabelag ist intravakuoläres Protoplasma noch nicht beschrieben worden.

Physikalische Einwirkungen

An vielen Zellenformen, deren Protoplasma reichlich entwickelt und widerstandsfähig genug ist, kann man durch mechanische Angriffe die Kontinuität des Protoplasmas intra vitam auch in der Weise stören, daß es zur Ablösung intravakuolärer Plasmatropfen kommt. Die obengenannten Sporangienträger von *Phycomyces* bleiben auch in dieser Beziehung unübertroffen (Kirchheimer 1933, 593, Abb. 14—17).

Durch mechanische Deformation von Zellen der beschriebenen Art gelingt es, ihren intravakuolären Protoplasmaanteilen wechselnde Formen zu geben (Schorr 1939). In den Sporangienträgern, deren Protoplasma bereits starke Vakuolisation erfahren hat, können Zellsaftblasen in die Hauptvakuole befördert werden, so daß man eine Vakuole in einer anderen schweben sieht (Abb. 3). Die in den Vakuolenraum explantierte Vakuole kann ihrerseits intravakuoläres Protoplasma von wechselnder Menge und Verteilung aufweisen.

Eine anders geartete Einschachtelung mehrerer protoplasmatischer Gebilde ineinander zeigt Abb. 4, die wiederum ein Stück eines Sporangiumträgers von *Phycomyces* darstellt (Küster 1936, 41): In seine Vakuole hat sich handschuhfingerähnlich ein Plasmaschlauch vorstülpen lassen, dessen umfangreiche Vakuole durch einen neuen Protoplasmafinger, der in diese hineinragt, in Anspruch genommen wird; in die Vakuole dieses letzten sehen wir zum drittenmal einen Protoplasmaschlauch sich vorschieben

(Abb. 4, Pl. 1, Pl. 2, Pl. 3, Pl. 4 und V 1, V 2, V 3), so daß sich der Wechsel von Protoplasma und Zellsaft mehrfach wiederholt.

Nach Verwundung junger Fruchtträger von *Phycomyces* (KIRCHHEIMER 1933) lösen sich „von dem unregelmäßig konturierten Wandbelag besonders weit in die Vakuole ragende Protoplasmazungen und ähnliche Effigurationen ab; sie zerfallen in einzelne Tropfen oder formen sich zu Ballen; ... Manche sind durch Fäden mit dem Wandbelag verbunden und werden später durch deren Zerreißen frei; sie besitzen dieselbe Beschaffenheit wie das Protoplasma des Wandbelags", manche bleiben tagelang am Leben.

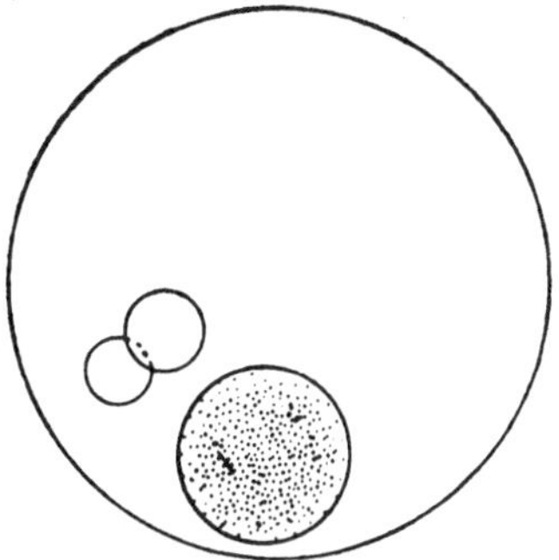

Abb. 3. Vakuole aus dem Sporangiumträger von *Phycomyces Blakesleanus*; in ihr liegen ein kugliger körniger Protoplasmatropfen und zwei kleine plasmafreie Tonoplasten.
(Nach SCHORR.)

Überall da, wo der wandständige Protoplasmabelag an der Vakuolenseite seine glatte Profilierung aufgibt, und irgendwelche Aufblähungen oder Protuberanzen usw. sich in den Zellsaftraum vorschieben, ist eine der wichtigsten Vorbedingungen für die Entstehung intravakuolären Protoplasmas gegeben; eine andere ist dann erfüllt, wenn die einen Zellsaftraum durchziehenden Plasmastränge intra vitam zu kapillarem Zerfall gebracht werden.

Unebenheiten und Höckerbildungen im protoplasmatischen Wandbelag fördern die Loslösung einzelner Anteile, wenn Strömung im Protoplasma gleich mechanischen Angriffen auf sie wirkt.

Ein bemerkenswertes Beispiel für die Wirkung mechanischer Angriffe gibt die Tätigkeit des intrazellular in den Schläuchen der *Vaucheria* lebenden Rädertierchens *Notommata Werneckii,* dessen Bewegungen das Protoplasma der Wirtszelle zerspritzen und zerstäuben und einen Teil desselben in die Vakuole geraten lassen; in dieser sah ROTHERT (1896, 557 ff.) die isolierten Plasmatropfen allmählich vergehen, der eingedrungene Rotator „rückt im Plasmaraum unter fortwährender Reibung an der Innenfläche des Wandbeleges vorwärts; er stemmt sich beim Vorrücken mit dem Fuß an den Wandbeleg; er versetzt beim Hinundherkrümmen seines Körpers den Wandbeleg in plötzliche heftige Bewegung; er steckt seine Wimpern in den Wandbeleg und wühlt ihn durch deren Schwingungen in seiner ganzen Dicke auf, wobei Partikel des Wandbelegs losgerissen werden und in den Saftraum gelangen" (ROTHERT 1896, 583).

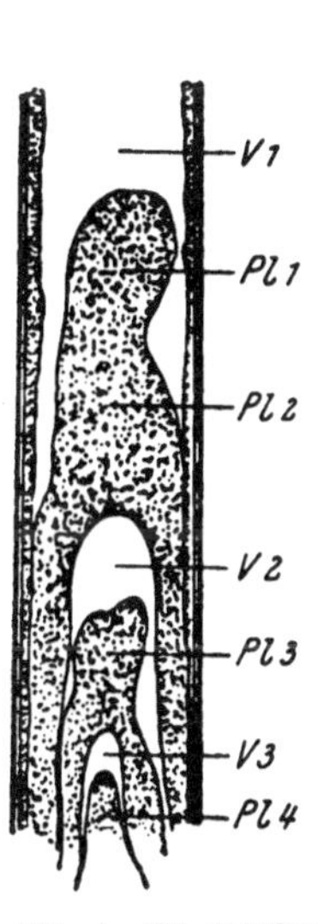

Abb. 4. Wiederholter Wechsel von Protoplasma (Pl. 1, Pl. 2, Pl. 3, Pl. 4) und Zellsaft (V 1, V 2, V 3). — Vgl. den Text.
(Nach KÜSTER.)

Ähnliche Wirkungen auf den Plasmabesitz ihrer Wirtszellen haben vermutlich auch andere intrazellular lebende und zu guter lebhafter Bewegung befähigte Parasiten, wie z. B. die Flagellaten, die in den Milch-

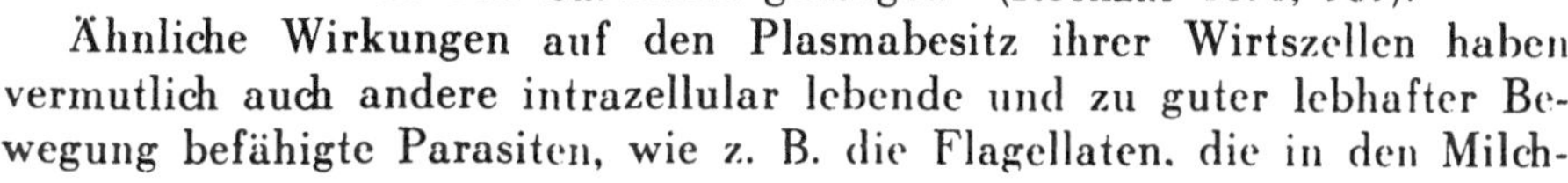

röhren der Euphorbien und anderer Gewächse auftreten (Literatur z. B. bei Küster 1956, 875 ff.); die Zellen der Wirtspflanze sind freilich der mikroskopischen Musterung schwer zugänglich. In ziliatenbewohnten *Valonia*-Zellen habe ich niemals lebendiges intravakuoläres Protoplasma wahrgenommen (Küster 1904); erneut nach solchen zu suchen, dürfte nicht aussichtslos sein. Dasselbe gilt für die von Ziliaten bewohnten *Bryopsis*-Vakuolen (vgl. Küster 1939 a).

Auch physikalische Angriffe anderer Art können die Bildung intravakuolären Protoplasmas bewirken. Kühne (1864, 100) beobachtete an den Zellen der *Tradescantia*-Haare unter der Einwirkung starker Temperaturerniedrigung die Entstehung intravakuolärer Plasmatropfen, die zu amöbenartiger Bewegung befähigt waren: „vegetabilische Amöben" nennt er sie, später fließen die isolierten Plasmatropfen wieder zusammen, ja es stellt sich binnen zehn Minuten das ganze Protoplasmanetz in seiner ursprünglichen Form wieder her.

Ähnliches erwähnen Kühne (1864, 102) an *Tradescantia*-Haaren nach Erwärmung auf 45⁰ und Sachs (1864, 67) an den Haarzellen von *Cucurbita* und *Lycopersicum*. Pfeffer (1890) erinnert an die Erzeugung intravakuolären Protoplasmas durch Ammoniak, extreme Temperaturen und elektrische Entladungen.

Luerssen (1871, 69) sah unter dem Einfluß monochromatischen (roten) Lichtes in den Brennhaaren von *Urtica* kleine Plasmaportionen sich vom Wandbelag ablösen und in die Vakuole geraten.

Den Protoplasten lebendiger Pflanzenzellen durch Induktionsströme zu zerstückeln, gelang Kühne (1864) und Klemm (1895, 651). Dabei haben den genannten Autoren höchstwahrscheinlich auch intravakuoläre Protoplasmatropfen vorgelegen. Klemm erwähnt an *Tradescantia*-Haaren die Fortdauer der Protoplasmaströmung; ein kontinuierlicher wandständiger Protoplasmabelag scheint an seinen Objekten nicht — oder jedenfalls nicht immer — vorhanden gewesen zu sein, so daß in solchen Fällen ein von normal gelagertem Protoplasma umschlossener Zellsaftraum den Zellen seines Materials vielleicht gefehlt hat.

Brücke (1862) spricht nach Einwirkung von Induktionsschlägen von züngelnden Fäden und von keulenförmigen oder papillenartig vorspringenden Auswüchsen, die aus dem wandständigen Protoplasma von *Urtica*-Haaren hervorbrechen. Ähnliche Protoplasmazungen fand ich nach starker Plasmolyse in Zellen der Zwiebelschuppen (Küster 1927, 74, Abb. 1—4).

Breckheimer-Beyrich (1949) hat ausführlich den tropfigen Zerfall beschrieben, der am Protoplasma von *Nitella flexilis* nach Schleuderung sich abspielt: Der am zentrifugalen Zellenpol lagernde Plasmapfropf zerlegt sich zum großen Teil in zahlreiche große und kleine intravakuolär liegende Tropfen.

Chemische Einwirkungen

Auch durch chemische Agenzien läßt sich die Bildung intravakuolärer Plasmatropfen veranlassen.

Pfeffer sah bei seinen mit Anilinfarben ausgeführten Vitalfärbeversuchen (z. B. mit Bismarckbraun, 1886, 262), daß große oder kleine Ballen des Protoplasmas, die besonders kräftig gefärbt erschienen, an die Vakuole abgegeben wurden; freilich ließ ihn die starke Färbung der Ballen annehmen, daß sie nicht mehr unbeschädigt waren. KLEMM (1895, 673) nimmt an, daß sie bei seinen Objekten (*Chara*-Rhizoide) zunächst noch leben und erst später mit ihren bisher regelmäßigen Umrissen auch ihr Leben verlieren.

Dieser Forscher sah intravakuoläres Protoplasma (1895, 663 ff.) im Lumen junger Wurzelhaare von *Trianea* nach Behandlung mit schwachen Säuren (z. B. 1%ige Oxalsäure) entstehen, welche alsbald die Ablösung kleiner Protoplasmaportionen veranlassen; ähnliche Veränderungen bewirkt die Behandlung mit relativ starken alkalischen Lösungen.

Daß durch chemische Angriffe intra vitam Trümmerstücke des Protoplasten an die Vakuole abbefördert werden können, lehren die Beobachtungen von GREB (1936). Er fand in den weitlumigen Keulenhaaren der Blumenkronblätter von *Viola tricolor*, die durch Plasmareichtum sich auszeichnen, isolierte Plasmakugeln spontan und besonders reichlich nach Einwirkung giftiger Gase und Flüssigkeiten (Behandlung mit Tabakrauch, Natrium- und Kaliumbikarbonat, ferner mit Nelkenöl, Kampfer, 1%igem Koffein u. a.). In den Vakuolen werden nach der Behandlung 10—80 Plasmakugeln wechselnder Größe (2—60 μ) sichtbar, sehr oft entstehen Vakuolen in ihnen. Die Bildung dieser Kugeln geht offenbar so vor sich, daß am Protoplasma Protuberanzen entstehen, die eine Zeitlang nur durch einen Protoplasmafaden mit jenem verbunden bleiben und schließlich ihre Freiheit gewinnen, so wie es für *Bryopsis* zu schildern war (Abb. 1).

Bewegungserscheinungen

Es ist dabei wohl von untergeordneter Bedeutung, durch welche Umstände die Profilierung des Protoplasmas unregelmäßig wird. STRASBURGER (1908) hatte dem strömenden Plasma der *Chara*-Rhizoiden eine deutliche Vakuolenstruktur zugewiesen, vermutlich handelt es sich hier um die gleiche Erscheinung, die KLEMM (1895) in den Wurzelhaaren von *Trianea* gesehen hat. Nach LINSBAUER (1929) gibt eine vorübergehende Stauung des strömenden Protoplasmas Veranlassung zur Abtrennung einzelner Portionen, die in den Zellsaft geraten und in Form mehr oder minder großer Ballen durch den Strom passiv in Rotation versetzt werden. BALBACH (1937) nimmt an, daß in den Zellen der Gametenapparate von *Phycomyces* die an ihnen oft auffallend starke Systrophenbildung das Zustandekommen intravakuolären Protoplasmas fördern kann.

Die intravakuolären Protoplasmastücke zeigen hinsichtlich ihrer Beweglichkeit und Bewegungen mancherlei Unterschiede. Intravakuoläres Protoplasma ist an Stellen, welche lebhafte Strömung zeigen, besonders oft zu finden: Die isolierten Plasmakugeln werden durch die Strömung des wandständigen Protoplasmas in rotierende Bewegung versetzt (Abb. 5) und weit davongetragen. Solche Erscheinungen passiver Bewegung führen zu der Vermutung, daß die Angaben früherer Autoren über rotierende Chloroplasten (vgl. z. B. VELTEN 1876) auf intravakuoläre Protoplasmatropfen zurückgehen (vgl. Berthold 1886, 123; ferner Meyen 1837—1839, 233, Wigands Beobachtungen über Revolutionsbewegungen 1885, 179, sowie Küster 1910 und 1929, 58, Linsbauer 1929, 571).

Bei künstlicher Kultur der *Bryopsis* entstehen im Zellsaftraum häufig farblose Ballen wechselnder Größe, während der Plasmabelag ringsum samt seinen Chloroplasten in unveränderter normaler Beschaffenheit sich erhalten hat. Die formale Ähnlichkeit der Massen mit Amöben ist zuweilen so groß, daß man nach amöboiden Formveränderungen zu suchen strebt, aber sie niemals mit Sicherheit wahrgenommen hat. Man könnte sie für intravakuoläres Protoplasma halten, eine andere Annahme ist, sie für Niederschläge des Zellsaftraumes anzusehen.

Überraschende Bewegungserscheinungen sind an den intravakuolären Protoplasmakugeln in den Zellen des Gametenapparates von *Phycomyces* (Blaess 1941) beobachtet worden: Die Kugeln fliegen mit großer Schnelligkeit durch den Zellsaftraum von einer plasmabedeckten Wand zur anderen, das Phänomen ist vergänglich und keineswegs oft wahrnehmbar. Eine Erklärung für die Erscheinung gibt uns vielleicht ihre Ähnlichkeit mit den zuckenden Bewegungen, die an isoliert liegenden oder bloßgelegten Protoplasmaballen beobachtet werden können und die wir (vgl. Küster,

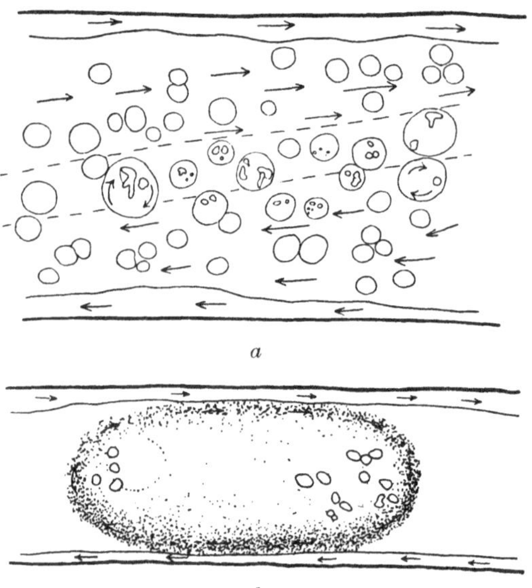

Abb. 5. Intravakuoläres Protoplasma: Internodialzellen von *Chara foetida. a* kleine Plasmakugeln sind nach Zentrifugenbehandlung der Zelle entstanden; große neben kleinen Kugeln liegen im Vakuolenraum; sie werden durch die Strömung des wandständigen Protoplasmas fortgetragen und in rotierende Bewegung versetzt. *b* ein großer Protoplasmaballen nimmt die ganze Breite des Vakuolenraumes in Anspruch; er zeigt rotierende Bewegung. (Nach Linsbauer.)

Plasmoptyse, in diesem Handbuch, II, 1957, C, 6) auf die Rückstoßwirkungen zurückgeführt haben, die sich dann geltend machen müssen, wenn eine Plasmakugel platzt und einen großen oder kleinen Teil ihres Inhaltes ausschleudert.

Ganz allgemein sind an den bisher geprüften Objekten die Ballen des intravakuolären Protoplasmas spezifisch schwerer als der sie umgebende Zellsaft, sie sammeln sich daher auf der physikalisch unteren Seite des verfügbaren Raumes (*Chara,* vgl. Linsbauer 1929, Kirchheimer 1933, 594); sie ändern ihre Lage selbst nach Aufrichten der Hyphenstücke nur langsam.

Lebhafte Bewegung wurde an den Plasmakugeln beobachtet, die in den weitlumigen Haaren von *Viola*-Blüten auftreten; Greb (1936) stellte bei ihnen eine Sinkgeschwindigkeit von 5—30 μ (in der Sekunde) fest, außerdem zeigen dieselben Objekte Bewegungen in horizontaler Richtung. Greb konnte Geschwindigkeiten bis 60 μ in der Sekunde messen.

Physiologie

Über die Physiologie des intravakuolären Protoplasmas ist noch wenig bekannt.

Die intravakuolären Protoplasmatropfen gehen früh zugrunde, wenn ihre Entstehung auf schädigende Einflüsse chemischer Agenzien (Bismarckbraun usw., Pfeffer 1886, 1897 und 1904) zurückgeht. Isolierte Trümmer unveränderten Protoplasmas können tagelang am Leben bleiben (Linsbauer 1929, Kirchheimer 1933).

Es wäre vorstellbar, daß die allseitige Umspülung mit Zellsaft kleinen, verhältnismäßig oberflächenreichen Plasmagebilden gefährlich werden könnte; andererseits darf an die Langlebigkeit der im Zellsaft fleischiger Perikarpgewebe schwimmenden Plasmakugeln aller Größen erinnert werden (vgl. Küster 1928 und 1929, 56).

Ob Verhalten und Schicksal kernhaltiger und kernloser Plasmatrümmer Unterschiede erkennen lassen, bedarf der näheren Prüfung.

Die isolierten Plasmatropfen können bei Berührung mit dem wandständigen Protoplasma wieder mit diesem verschmelzen (autoplastische Plasmafusion — vgl. z. B. Kühne 1864, Küster 1939 b). Hofmeister sah an *Ceratophyllum demersum* (1867, 56) tropfenähnliche Anteile des Protoplasmas sich wieder mit der Hauptmasse vereinigen. Auch Cholodny (1923, 237) beobachtete das Verschmelzen isolierter Protoplasmatropfen mit dem wandständigen Protoplasma. Andere Fälle überraschen den Beobachter durch die geringe Neigung der Plasmakugeln zur Fusion; ein lehrreiches Beispiel gibt Grebs Objekt (*Viola*, s. o.). Wenn stark beschädigtes Protoplasma vorliegt, bleibt die Fusion mit dem wandständigen Protoplasma ebenso aus wie die benachbarter isolierter Kügelchen. Pfeffer (1886) konnte keine Wiedervereinigung der einzelnen Plasmaanteile feststellen. Die Fusionsfähigkeit hängt auch von der Flüssigkeit ab, in der die Präparate liegen: nach Lorey (1929) behalten die Teilprotoplasten sie in n-Rohrzucker länger als in isotonischem Kalisalpeter, in $Ca(NO_3)_2$ konnte er keine Fusion beobachten. Nach Deplasmolyse bleibt nach Balbach (1936) die Fusionsfähigkeit länger erhalten als in Versuchen, welche Wasserzusatz vermeiden.

Verwandte Erscheinungen

Bei gewaltsamer Zerstörung der normalen Protoplasmakonfiguration kann es zur Bildung von isolierten Plasmatropfen kommen, die nicht mehr intravakuolär genannt werden dürfen, da sie nicht mehr von einem kohärenten plasmatischen Wandbelag umgeben werden, sondern neben toten Plasmaanteilen im Lumen der Zelle liegen. Bekannt ist die Abbildung, welche Klemm (1895, 649 ff.) von den durch Induktionsströme zerstörten Haarzellen von *Momordica* gegeben hat — Abb. 6. Zerlegung plasmolysierter Protoplasten mit mikrochirurgischen Instrumenten gelang Lorey (1929 — *Allium cepa*). Ähnliche Zerfallserscheinungen lassen sich nach langen Hungerperioden an den Blattzellen von *Helodea* beobachten (Küster

1953). Zu Hunderten finden sich ähnliche Plasmakugeln in hungernden, alternden Zellen von *Caulerpa* (Küster 1956, Abb. 15).

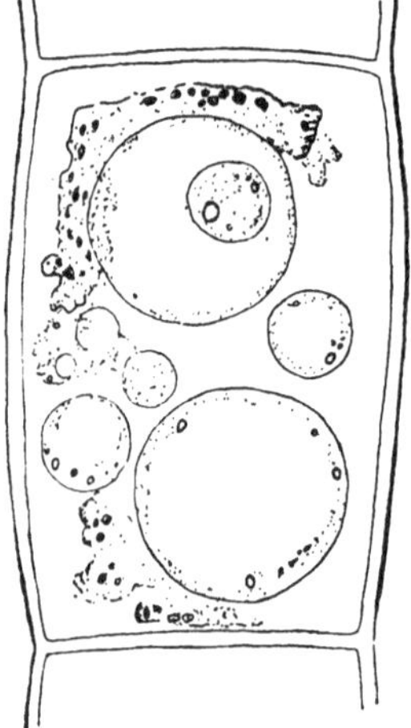

Abb. 6. Isolierte Protoplasmatrümmer neben toten Resten desselben Zellenleibes nach Behandlung mit Induktionsströmen.
(Nach Klemm.)

Ich erwähne diese Bildungen hier nur deswegen, weil sie ebenso wie systrophische Häufungen kohärenter Plasmabeläge (vgl. Reuter, dieses Handbuch II, A, 1, a) gelegentlich intravakuoläre Protoplasmatropfen vorzutäuschen imstande sind.

Die von Meyen beobachteten Plasmaballen (1837—1839, 233), die später Wigand (1885, 179) ebenfalls an *Vallisneria* sah, scheinen nach Küster 1929, 58) rotierende „systrophe" Ballungen wandständigen Protoplasmas gewesen zu sein, wie ähnliches für andere Pflanzen bekannt ist (Küster 1910). Bei Behandlung der Plasmoptyse (Küster 1957, vgl. dieses Handbuch) war davon die Rede, daß unter abnormen Turgor- und Quellungsdruckverhältnissen bei Rotalgen die Vakuolenhaut gesprengt und ein Teil des Plasmabelages der Zelle in den Zellsaftraum gepreßt werden kann: ob dabei auch intravakuoläre Protoplasmaballen in Form überlebender Tropfen abgegeben werden können, bedarf der Prüfung.

Uléhla und Morávek (1922, 14) sahen bei plasmolysierten Zellen von *Basidiobolus* nach Zusatz von schwachen Säuren das Protoplasma sich in den Zellsaft ergießen (siehe Küster, Plasmoptyse, Handbuch II, C, 6), leider ist über das weitere Verhalten des Protoplasmas nichts erwähnt.

Daß auch Plastiden im intravakuolären Protoplasma sich finden, ist wohl vorstellbar. Berthold (1886, 123) hat offenbar bei *Nitella* intravakuoläres, chlorophyllführendes Protoplasma vor sich gehabt. Pfeffer (1890 a) hat darauf aufmerksam gemacht, daß Plastiden ihre Verbindung mit dem Protoplasma niemals aufgeben. Bei den Beobachtungen an *Bryopsis* (Küster 1952, 163) lagen im Zellsaft häufig „bräunlich gefärbte Plastidenmassen, die offenbar von intravakuolären Plasmaeinschlüssen sich herleiten, lebende Einschlüsse gleicher Art habe ich niemals an

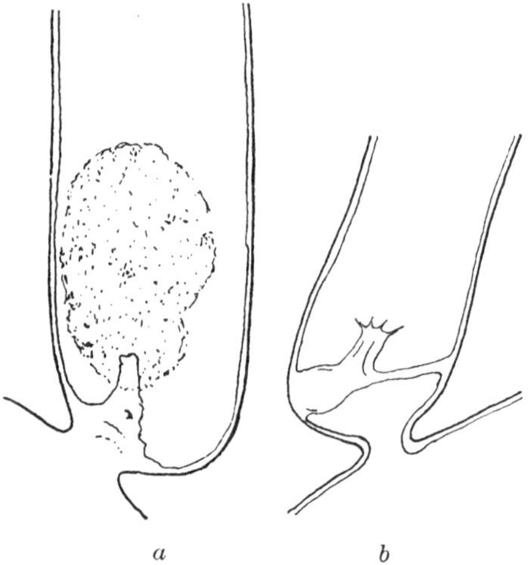

a   b

Abb. 7. Inhaltsmassen aus der Vakuole von *Bryopsis*: a rundlicher plasmaähnlicher Ballen; b zellulosig degenerierte Reste des Protoplasmas.
(Nach Küster.)

meinem Material bemerken können, tote und gebräunte um so häufiger".

Über das Einwandern anderer Körper und Stoffe in die Vakuole (Physoden, Plastiden, Fukosankörner, extranukleare Nukleolen usw.) ist die Literatur bei Küster (1956, 571 f.) nachzulesen.

Es gibt Fälle, in welchen es schwer werden kann, bei den in den Vakuolen liegenden Massen zu entscheiden, ob es sich bei ihnen um degenerierte Stücke des Plasmaleibes handelt, die sich vom wandständigen Belag abgetrennt haben, oder um Anteile des die Vakuolen durchziehenden Plasmastrangsystems, das streckenweise der zellulosigen Degeneration (KÜSTER 1956, 128 ff.) anheimgefallen ist, Abb. 7 (KÜSTER 1933).

Literatur

BALBACH, H., 1936: Über Plasmadifferenzierungen in Plasmodien der Schleimpilze. Protoplasma 26, 161—180.
— 1937: Über Quellung und Systrophe des Protoplasmas. Untersuchungen am Gametenapparat von *Phycomyces*. Protoplasma 28, 86—99.
BERTHOLD, G., 1886: Studien zur Protoplasma-Mechanik. Leipzig.
BLAESS, H., 1941: Bewegungen des systrophischen und intravakuolären Protoplasmas. Protoplasma 36, 177—180.
BRECKHEIMER-BEYRICH, H., 1949: Über die Wirkung zentrifugaler Kräfte auf das Protoplasma von *Nitella flexilis*. Ber. dtsch. bot. Ges. 62, 55—60.
BRÜCKE, E., 1862: Das Verhalten der sogenannten Protoplasmaströme in den Brennhaaren von *Urtica urens* gegen die Schläge des Magnet-Elektromotors. S.ber. Akad. Wiss. Wien, math.-naturw. Kl., Abt. 2, 46, 1.
CHOLODNY, N., 1923: Zur Frage über die Beeinflussung des Protoplasmas durch mono- und bivalente Metallionen. Beih. Bot. Zbl. I 39, 231—238.
GREB, W., 1936: Die Haare der *Viola*-Blüten, ein neues Objekt für Plasma-Untersuchungen. Diss. Gießen. Z. Mikrosk. 53, 1—35.
HOFMEISTER, W., 1867: Die Lehre von der Pflanzenzelle. Handb. der physiol. Bot., Bd. 1. Leipzig.
KIRCHHEIMER, E., 1933: Protoplasma und Wundheilung bei *Phycomyces*. Planta 19, 574—606.
KLEMM, P., 1895: Desorganisationserscheinungen der Zelle. Jb. wiss. Bot. 28, 627—700.
KÜHNE, W., 1864: Untersuchungen über das Protoplasma und die Kontraktilität. Leipzig.
KÜSTER, E., 1904: Ciliaten in *Valonia*-Zellen. Arch. Protistenk. 4, 384—390.
— 1910: Über Inhaltsverlagerungen in plasmolysierten Zellen. Flora 100, 267—287.
— 1927: Beiträge zur Kenntnis der Plasmolyse. Protoplasma 1, 73—104.
— 1928: Über die Gewinnung nackter Protoplasten. Protoplasma 3, 223—233.
— 1929: Pathologie der Pflanzenzelle: Pathologie des Protoplasmas. Protoplasma-Monographien, Bd. 3. Berlin.
— 1932: Über Protoplasmatentakeln und Vakuolenzerklüftung. Ber. dtsch. bot. Ges. 50, 123—133.
— 1933: Über Zellsaft, Protoplasma und Membran von *Bryopsis*. Beiträge zur Pathologie des Protoplasmas. Ber. dtsch. bot. Ges. 51, 526—536.
— 1939 a: Beobachtungen an Plasmaexplantaten von *Bryopsis*. Beitr. z. Methodik der Protoplasma-Untersuchungen. Z. Mikrosk. 56, 113—147.
— 1939 b: Über Plasmapfropfungen. Beitr. z. entwicklungsmechanischen Anatomie der Pflanzen, Bd. 2. Jena.
— 1952: Cytomorphologische Beobachtungen an *Bryopsis*. Arch. Protistenk. 98, 160—168.
— 1953: Über die Zertrümmerung lebendigen Protoplasmas in Pflanzenzellen. Protoplasma 42, 100—102.
— 1956: Die Pflanzenzelle. 3. Aufl. Jena.
— 1957: Plasmoptyse. Protoplasmatologia II, C, 6.
LINSBAUER, K., 1929: Untersuchungen über Plasma und Plasmaströmung an *Chara*-Zellen I. Protoplasma 5, 563—621.
— 1932: Kerne, Nukleolen und Plasmabewegungen in den Blasenzellen von *Mesembrianthemum cristallinum*. S.ber. Akad. Wiss. Wien, math.-naturw. Kl., Abt. 1, 141, 1—30.

Lorey, E., 1929: Mikrochirurgische Untersuchungen über die Viskosität des Protoplasmas. Protoplasma 7, 171—203.
Luerssen, Ch., 1871: Über den Einfluß des roten und blauen Lichtes auf die Strömung des Protoplasmas in den Brennhaaren von *Urtica* und den Staubfäden-
haaren von *Tradescantia virginica*. Abh. naturw. Ver. Bremen 2, 50.
Meyen, F. J. F., 1837—1839: Neues System der Pflanzenphysiologie. Berlin.
Pfeffer, W., 1886: Über Aufnahme von Anilinfarben in lebende Zellen. Untersuchungen Bot. Inst. Tübingen 2, 179—332.
— 1890 a: Über Aufnahme und Ausgabe ungelöster Körper Abh. Sächs. Ges. f.
Wiss., math.-phys. Kl. 16, 147—184.
— 1890 b: Zur Kenntnis der Plasmahaut und der Vakuolen, nebst Bemerkungen über
den Aggregatzustand des Protoplasmas und über osmotische Vorgänge. Ebenda.
186 ff.
— 1897 und 1904: Pflanzenphysiologie. 2. Aufl., Bd. 1 u. 2. Leipzig.
Reuter, L., 1957: Cytoplasmastruktur in Pflanzenzellen. Protoplasmatologia II,
A, 1, a.
Rhumbler, L., 1902: Der Aggregatzustand und die physikalischen Besonderheiten
des lebenden Zellinhaltes. Z. allg. Physiol. 1, 279—388. 2, 183.
Rothert, W., 1896: Über die Gallen der Rotatorie *Notommata Werneckii* auf
Vaucheria Walzi n. sp. Jb. wiss. Bot. 29, 525—595.
Sachs, J., 1864: Über die obere Temperatur Gränze der Vegetation. Flora 47,
5—12, 24—29, 33—39, 65—75.
Schorr, L., 1939: Über das Schicksal von Plasmaexplantaten von *Phycomyces*.
Beitr. z. Pathologie des Protoplasmas. Arch. exper. Zellforsch. 23, 338—350.
Stålberg, N., 1927: Studien über den Zellinhalt von *Nitella opaca*. Bot. Not. 305.
Strasburger, E., 1908: Einiges über Charazeen und Amitose. Wiesner-Festschrift
24, *Wien*.
Uléhla, Vl., und Vl. Morávek, 1922: Über die Wirkung von Säuren und Salzen
auf *Basidiobolus ranarum* Eid. Ber. dtsch. bot. Ges. 40, 8—20.
Velten, D. W., 1876: Einwirkung strömender Elektrizität auf die Bewegung des
Protoplasmas, auf den lebendigen und toten Zelleninhalt sowie auf materielle
Teilchen überhaupt. S.ber. Akad. Wiss. Wien, math.-naturw. Kl., Abt. I, 73,
343—364.
Weide, A., 1939: Beobachtungen an Plasmaexplantaten von *Phycomyces*. Arch.
exper. Zellforsch. 23, 299—337.
Wigand, A., 1885: Studien über die Protoplasmaströmung in der Pflanzenzelle. Bot.
Hefte, 1, Nr. VI. 169—224.

Plasmodesmata (Vegetable Kingdom)

By

A. D. J. MEEUSE, Pretoria

With 14 Figures

Contents

		Page
1.	Historical Data	1
2.	Terminology	5
3.	Methods for Demonstrating the Presence of Plasmodesmata in Vegetable Cell Walls	6
	Direct staining methods	7
4.	Occurrence and Distribution of Plasmodesmata in the Plant and in the Plant Kingdom	10
5.	Morphology, Structure and Protoplasmic Nature of Plasmodesmata	13
6.	Development of Plasmodesmata	23
7.	Plasmodesmata in Relation to Relative Growth of Cell Walls and Readjustments of Cell Patterns	26
8.	The Possible Functions of Plasmodesmata	28
9.	Previous Reviews	34
	Bibliography	34
	Addendum	38

1. Historical Data

In 1879 E. TANGL described minute structures which traverse the cell walls of the endosperm of *Strychnos nux-vomica, Phoenix dactilifera* and *Areca oleracea* (TANGL 1879, see Fig. 1). From his observations and some microchemical tests he concluded that these structures are "offene Communicationen" (open communications) or "Protoplasmafortsätze" (extensions or continuations of the protoplasm) connecting the protoplasts of adjacent cells through the cell walls and that they are, accordingly, tenuous strands of protoplasm. After the publication of TANGL's article several other botanists claimed to have seen these structures long before him. GOROSCHANKIN, in a paper dated 1883, referred to a lecture delivered by him in 1879 during which he had shown a drawing of these protoplasmic connections. DIPPEL (1898) communicated that he had seen these structures as early as 1857 and had already depicted them in 1869 (see p. 181 and Fig. 111 of his text book). ZIMMERMANN (1893) drew the attention to unpublished sketches, obviously showing these protoplasmic connections in endosperm, made by HOFMEISTER long before 1879. However, they did not realise the importance of their observations, whereas TANGL recognised the protoplasmic nature of the structures under discussion. STRASBURGER (1901) and MEYER (1920), in this question of priority, decided in favour of TANGL, and indeed, he deserves recognition as the true discoverer of these structures, although there can be very little doubt that the claims made by DIPPEL, who was an expert microscopist, and by GOROSCHANKIN to have seen them before TANGL, were well founded.

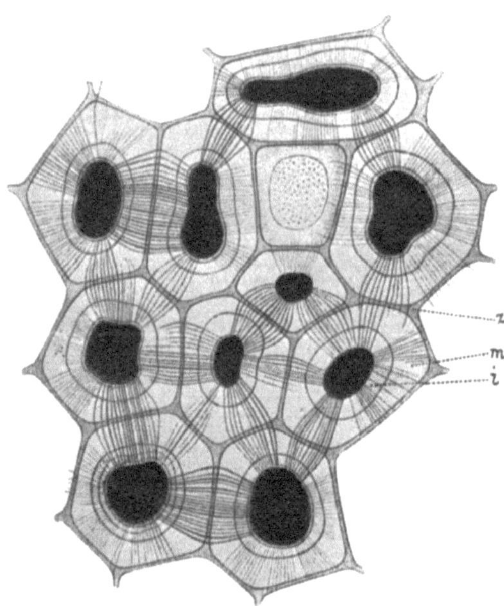

Fig. 1. Reproduction of TANGL's figure of the plasmodesmata in the endosperm of *Strychnos nux-vomica*.

Soon after the publication of TANGL's (1879) paper the importance of these protoplasmic connections between the protoplasts of adjacent cells, in relation to translocation, was realised (STRASBURGER 1882, TANGL 1884) and between 1880 and 1902 a number of papers appeared which confirmed TANGL's observations and extended our knowledge of the subject considerably (RUSSOW 1883, GARDINER 1883 a, 1883 b, 1883 c, 1897; HILLHOUSE 1883; SCHAARSCHMIDT 1884; TERLETZKI 1884; KIENITZ-GERLOFF 1891, 1902; POIRAULT 1893; MEYER 1896 a, 1896 b; KUHLA 1900; GARDINER and HILL 1901; STRASBURGER 1901). Some of these papers aimed at the demonstration of protoplasmic connections in a large variety of different subjects, which showed their general occurrence in the plant kingdom, whilst other papers reported their presence between all living cells of a single plant species. The concept of the continuity of the protoplasm in living tissues, as first postulated by TANGL (1879, 1884) and STRASBURGER (1882, 1901), soon became generally accepted by the botanists of that period. MEYER's researches on the protoplasmic connections which can be studied in living colonies of *Volvox* (1896 c) added important evidence to this view.

It soon became apparent that, owing to the minuteness of the protoplasmic connections, they could only be demonstrated in the cell walls by means of special techniques, barring a very few favourable objects such as thick-walled endosperm cells and colonies of *Volvox*. Unfortunately these techniques often give cause to the production of artefacts in and near

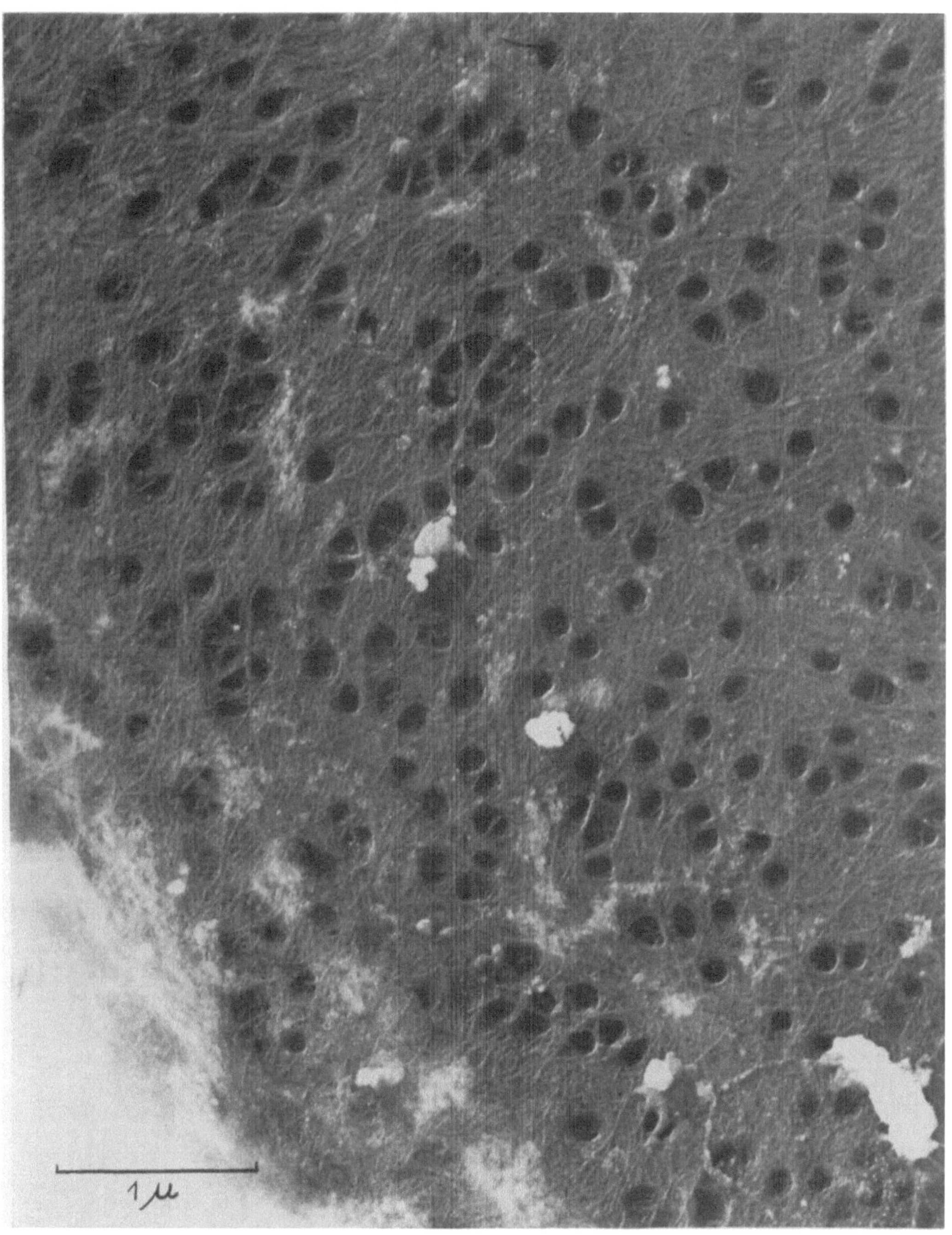

Fig. 2. Electron microphotograph of the transverse wall of the staminal hairs of *Tradescantia*, × 30,000, showing perforations through which the plasmodesmata pass.
(Courtesy of Dr. A. L. HOUWINK, Institute for Electron Microscopy, Delft. Holland.)

the cell wall which may simulate the images of the protoplasmic connecting threads such as very narrow pit-cavities reduced in diameter by the swelling of the wall, so that the results of some of the early workers (e. g., KIENITZ-GERLOFF 1891) are unreliable and these structures were reported in some groups of plants in which they do not occur. These papers were severely criticised by MEYER (1896 a) and by STRASBURGER (1901). However, these unreliable reports did not affect the generally held opinion of the leading botanists and textbooks of that period, that continuity of protoplasm in all living tissue is found in all "higher" plants, from the *Musci* to the *Angiospermae* and in addition, in some "lower" forms such as *Volvox* species.

An excellent critical review of the literature up to 1901 is included in STRASBURGER's classical paper on the protoplasmic connections (STRASBURGER 1901) in which, incidentally, he proposed the term "Plasmodesmen" which has been generally adopted (see Chapter 2, "Terminology"). STRASBURGER's treatise was, in fact, so exhaustive that for a considerable period no striking discoveries were reported.

In 1920 and 1922, respectively, MEYER and LUNDEGÅRDH published reviews of the subject, but added very little information to STRASBURGER's paper. The opinions and conclusions formulated in these three comprehensive treatments have been universally adopted in textbooks on botany and plant anatomy up to the present day (see for instance HABERLANDT 1924, 1925; SHARP 1926; TUNMANN and ROSENTHALER 1931; CURTIS 1935; EAMES and McDANIELS 1947; KÜSTER 1951).

It was not until 1930 when JUNGERS (1930) challenged the protoplasmic nature of the structures under discussion that the interest was revived. Later investigations (LIVINGSTON 1933; MÜHLDORF 1937) confirmed the results of earlier workers and MÜHLDORF contributed important new evidence in favour of the old views already expressed in principle by TANGL (1879). The position was again reviewed by the present author (A. D. J. MEEUSE 1940, 1941).

The studies of JUNGERS and his critics were carried out before the electron microscope became an additional tool in the hands of microscopists. The latest important contribution to our knowledge of protoplasmic continuity through the cell walls is the discovery, by direct observation under the electron microscope, of minute pores in cell walls which are obviously the channels originally containing very fine strands of protoplasm (ROELOFSEN and HOUWINK 1951; MERICLE and WHALEY 1953), see Fig. 2. The existence of TANGL's "open communications" between adjacent cells has thus been demonstrated for the first time beyond doubt. Of the other papers published since 1941 those of SCOTT (1946, 1949) and SCOTT et al (1948) deserve special mention because they indicate definite relationship between the distribution of plasmodesmata and the formation of new cell walls and certain cellular inclusions.

2. Terminology

Tangl (1879) referred to the structures he interpreted as connecting strands of protoplasm as "offene Communicationen" in the title of his paper, and as "Protoplasmafortsätze" in the text. Strasburger (1882) used the word "Plasmafäden" (plasma threads) and this term was taken up by Hillhouse (1883) and others. Similar descriptive names were employed by other early authors: "intramural threads" (Moore 1886), "connecting threads" (i. e., of protoplasm) used by Gardiner (1897, 1898, 1900, 1907), Hill (Gardiner and Hill 1901) and Hume (1913), "Plasmaverbindungen" (protoplasmic connections) used by Kienitz-Gerloff (1891), Kohl (1891, 1897, 1900, 1902), Meyer (1896 a, 1896 b, 1897, 1914), Kuhla (1900), Strasburger (1901) and Piskernik (1917) and "Zellbrücken" or "Plasmabrücken" (cell or protoplasm "bridges" or "bonds", used by Meyer (1920), Drake et al. (1934) and Mühldorf (1937). Strasburger (1901) introduced the term "Plasmodesmen" which has found general employment (e. g., Sharp 1926, Eames and McDaniels 1947, Küster 1951), but there has been much variation in its orthography: "Plasmodesmen" (Strasburger and several other papers in German, but also as such in some older papers in the English language), "plasmodesma" (singular and plural sense) and "plasmodesmata" (plural sense). The derivation of this term was not explained by Strasburger who probably thought it to be self-evident, but is obviously from the Greek words πλάσμα (= plasma) and δεσμός ("bond"). It has been suggested (Anonymous 1941) that, when latinised, it becomes "plasmodesmus" in accordance with the generally accepted rules for latinisation of Greek words (compare scientific names of organisms such as *Scenedesmus,* "anthus" from ἄνθος, etc.), and takes the plural form "plasmodesmi", which has, according to the same author already been used in several dictionaries in the English language "recent enough to include the word." However, not everyone will agree with the latinisation of words of Greek derivation and the form "plasmodesma" or "plasmodesmata" has been consistently used in the most recent publications whereas "plasmodesmus, plasmodesmi" has not been adopted. After consultation with one of the Editors of Protoplasmatologia, Livingston's (1933) proposal to employ "plasmodesma" in the singular and "plasmodesmata" in the plural, is maintained. Next to the classical form several modernised versions are permissable : "plasmodesm" in English and eventually Scandinavian languages with the English plural "plasmodesms," "plasmodesme" in Dutch, French and German with the plural "plasmodesmes" (Fr.) or "plasmodesmen," capitalised in German, etc.

When using the term "plasmodesmata" which literally means "protoplasmic connections," it has to be borne in mind that plasmodesmata and protoplasmic connections are not always equivalent. The conspicuous rods of protoplasm traversing the sieve-plates of active sieve-tubes are certainly protoplasmic connections, but they should not, properly speaking, be referred to as plasmodesmata. Meyer (1920) has discussed this point and distinguishes the very fine true plasmodesmata (his "Zellbrücken") from the other, much wider protoplasmic connections (his "Fusionsbrücken"). The Zellbrücken were defined as very fine strands, not possessing microscopically visible protoplasmic inclusions and not showing any convection streaming. The Fusionsbrücken are wider and may allow visible particles to migrate from cell to cell. This distinction cannot be very sharp, because a conversion of Fusionsbrücken into plasmodesmata, and vice versa, has been reported in sieve-plates (Hill 1901, 1908; Mühldorf 1937; Crafts 1939). and in thallus threads of certain *Phaeophyta* (Sykes 1908).

The wider protoplasmic connections in the *Thallophyta* (Mangenot 1924. 1926: Jungers 1933: Buller 1933) have also been referred to as "synapses" (Mangenot). and this term could be substituted for Meyer's "Fusionsbrücken." It should be borne in mind that some authors do not make a distinction between true plasmodesmata and synapses (Mangenot 1926: Buller 1933).

Another point, which has probably never been brought to attention before. is that one must distinguish between the plasmodesmata. per definition very fine threads of protoplasm connecting adjacent cells. and the perforations. pores or channels in the cell walls in which they are situated. If it is necessary to refer to these pores or fine channels in the wall instead of to the plasmodesmata proper. the alternative terms *plasmodesmoducts or plasmodesm channels* (or *pores*) are proposed here.

In conclusion. and in anticipation of the conclusions of the discussion on the protoplasmatic nature of the plasmodesmata. the following definition can be given:—

Plasmodesmata are continous. tenous threads of protoplasm connecting adjacent protoplasts through substances separating these protoplasts (generally speaking. plant cell walls. but also the mucilaginous intercellular substance in *Volvox* colonies, and, in the analogous case of animal tissues, substances such as bone, dentine and cartilage), thus establishing a correlated entity of interconnecting protoplasts. They are never so wide as to permit a real fusion of protoplasts or migration of protoplasmic inclusions. such as nuclei, plastids, microsomes. granula, under normal conditions, but may be converted into wider protoplasmic connections or, conversely, arise in special cases by a reduction in diameter of wider protoplasm strands connecting adjacent cells. They are situated in minute perforations of the cell wall. the plasmodesmoducts or plasmodesm channels (or pores).

3. Methods for Demonstrating the Presence of Plasmodesmata in Vegetable Cell Walls

Owing to the small diameter of the plasmodesmata (under $0.2\,\mu$ according to Livingston and Bailey 1946, about $0.1\,\mu$ according to Roelofsen and Houwink 1951) direct observation of these minute structures was, before the development of the electron microscope, only possible in exceptional cases, as in living colonies of *Volvox aureus* and some closely related forms (MEYER 1896 c), in thin sections of the endosperm or cotyledons of certain seeds, e. g. of *Strychnos nux-vomica* (TANGL 1879), *Diospyros* spec. (QUISUMBING 1925), *Aesculus hippocastanum* (A. D. J. MEEUSE 1941) and probably *Phytelephas macrocarpa* and *Raphia taedigera* (ZIMMERMANN 1893). Observation under the electron microscope is, generally speaking, restricted to the plasmodesmoducts, because usually the cells must be macerated and dried to be made into suitable objects for electron microscopy.

Phase microscopy, another recent discovery, has so far apparently not successfully been applied to the study of plasmodesmata.

The remaining methods are various staining and impregnation techniques which can be roughly divided into three groups, viz., (1) staining methods, (2) methods involving the use of iodine and swelling agents and (3) silver impregnation methods.

As far as the preparative work is concerned, most workers recommend fresh material which is cut first and fixed afterwards, but material which has been fixed with appropriate reagents first gives equally satisfactory results. Fixatives must, of course, fix the plasmodesmata *in situ* and those which kill the protoplasm quickly are the best: iodine, osmic acid, formalin, alcohol, acetic acid. According to STRASBURGER (1923), fixatives containing chromic acid are inferior for the fixation of plasmodesmata.

Sectioning is usually done by hand, especially if swelling agents are subsequently used (see below), but microtome sections are equally satisfactory. Sections of "bony" endosperms can be made by soaking the seeds in water and clamping them in the microtome without any other treatment (QUISUMBING 1925; CHAMBERLAIN 1932).

MÜHLDORF (1937) recommended a prolonged treatment of the material with concentrated formalin, so that the plasmodesmata become hardened and stand up better to a subsequent treatment with the strong swelling agents applied in some methods of staining.

Direct staining methods

a) The plasmodesmata, being protoplasmic in nature, absorb iodine strongly (TANGL 1897) and one of the simplest methods of demonstrating the presence of plasmodesmata in cell walls is treatment with Lugol solution or exposure of sections to iodine vapour (GICKLHORN 1947). Most probably this simple method is only applicable to certain favourable objects such as the cell walls of "bony" endosperms (GICKLHORN recommends *Strychnos nux-vomica*). Iodine is usually combined with a swelling agent (see below). SCOTT et al. (1948) and SCOTT (1949) have demonstrated. that the cell wall can be completely or almost completely dissolved by a very gradual irrigation of the iodine-impregnated sections with 80 per cent. sulphuric acid. The cytoplasts and plasmodesmata remain more or less intact and appear as brownish lumps (the cytoplasts) connected by brownish threads (the plasmodesmata). see Fig. 3.

Staining by means of certain anilin dyes (methyl violet, aniline blue) or haematoxylin (in the form of Heidenhain's iron alum-haematoxylin, Ehrlich's, Delafield's or another formula) is often successful, but as a rule only applicable to suitable objects such as the "bony" endosperms (Chamberlain 1932). Methyl violet, differentiated with orange G in clove oil, stains the plasmodesmata a rich purple which contrasts beautifully with the pale orange cell wall, but this staining is not often successful (Strasburger 1923; Chamberlain 1932).

Kohl (1891) described a method for the staining of protoplasmic connections in algae in which the cell walls are mordanted with tannin and subsequently dyed with Bismarck brown or methylene blue. Interfering substances such as pectin are, if necessary, previously removed by acid hydrolysis. As the protoplasmic connections in algae are usually wide "Fusionsbrücken" it is not surprising that this method fails if applied to true plasmodesmata. Similarly, reports on successful staining of plasmodesmata with other stains may be suspect: eosin (Kienitz-Gerloff 1891: Poirault 1893), safranin (Gardiner and Hill 1901), anilin blue (Russow 1883; Terletzki 1884: Kienitz-Gerloff 1891: Gardiner 1897). There are, however, several reports confirming that at least safranin and anilin blue give reliable and reproduceable results (Moore 1886; Meyer 1897: Strasburger 1901, 1923; Wulff 1905, 1906).

An advantage of these stains is that the preparations can be made into permanent mounts in the usual way by dehydration, clearing in xylene, clove oil or chloroform, followed by mounting in canada balsam or a similar mounting medium.

b) The methods involving the use of a swelling agent, on the other hand, though often the best for general work, do not allow subsequent dehydration, so that permanent mounts in a hardening mounting medium cannot usually be obtained. These methods are, according to Mühldorf (1937), only variations of the old reaction on cellulose with iodine reagents and a strong swelling agent. The swelling agent, usually sulphuric acid, but occasionally zinc chloride (Moore 1886), most probably widens the plasmodesmoducts by swelling the cell wall, so that the plasmodesmata become thicker and better discernible. The cellulosic walls stain blue or purplish, whereas the plasmodesmata absorb the iodine strongly and stain deep yellow to dark brown, so that they are sharply marked out against the blue background of the cell wall. If an additional stain is applied which reacts with iodine to form a dark, blackish product, a still better contrast may be obtained. As the plasmodesmata absorb the iodine more strongly than the rest of the wall, the iodine acts as a mordant for the dye, thus rendering a marked differential staining.

This method was developed for the first time by Gardiner (1883 b) with impure stains and also used by Terletzki (1884). It was later improved by Meyer (1897) who used a very pure form of methyl violet "Pyoktanin coeruleum" of E. Merck, Darmstadt, so that this method became known as "A. Meyer's Pyoktanin method." However, other pure forms of gentian violet, methyl violet or Hoffman's blue yield equally satisfactory results.

Several modifications of Meyer's method have been recommended: Kuhla's (1900), Strasburger's (1901), Jungers's (1930) and Crafts's (1931, see also Johansen 1940). The dye can be added at once to the swelling agent instead of being applied subsequent to the swelling treatment. Detailed accounts of the method and its various modifications have been given by Meyer (1897), Piskernik (1914), Strasburger (1924) and Mühldorf (1937) and need not be repeated here.

The pyoktanin method has often been claimed to be the best of all and is even said to yield a "specific" differential staining (Jungers 1930; Livingston 1933). This specifity has certainly been overrated and has lead to several wrong interpretations because some students assumed that every structure in the cell wall which appeared strongly stained after the "pyoktanin" treatment represented a plasmodesma (Jungers 1930; Schumacher and Halbsguth 1939; Wieler 1943). However, there are several other structures in the cell wall or in the cytoplast which absorb iodine and the iodine itself often crystallizes out after the addition of a swelling agent. Moreover, any dissolved iodine reacts with the dissolved dye and forms a fine precipitate which settles down on the sections. This is often so troublesome that most authors recommend gentle brushing of the sections with a fine paint brush to remove the settled precipitation before the microscopical examination. All the blackened elements in the sections, the fine iodine crystals and the precipitations not only obscure the microscopical images to a certain extent, sometimes beyond recognition, but may also simulate stained plasmodesmata. A dark granule lying *against* the cell wall may appear, when not in focus, as a line *across* the cell wall; minute granules which are more or less arranged in a row may look very similar to a plasmodesma which, when stained by the pyoktanin method, often appears like a string of granules. As will be discussed on p. 15–16, these precipitations and obscured images have caused a great deal of controversy concerning the nature of the plasmodesmata. That is why, according to Mühldorf (1937). Scott et al. (1948), and Scott (1949), the reaction with sulphuric acid and iodine alone gives the most reliable and consistent results.

Nevertheless, excellent results can be obtained with the pyoktanin method by a "trial and error" system of varying the concentrations of the reagents, the duration of the action of the iodine reagent and/or swelling agent, the thoroughness of intermediate and final rinsing. and the temperature. For every single object a certain treatment may be the ideal one in a given case and produce very clear, instructive and unobscured preparations. Mühldorf (1937) himself. for instance. reports that he succeeded in obtaining very good results with material that had been hardened in formalin for weeks.

It should, therefore, be borne in mind by prospective students that the best results with the so-called pyoktanin method are, as a rule. not obtained by following one of the several modifications as described in the literature exactly. but by modifying the method till the "ideal" conditions for the particular subjects have been found experimentally.

Sections stained with Meyer's pyoktanin can be kept for a few weeks to a few months in a liquid mounting medium if properly sealed (Jungers 1930; Crafts 1931), but they eventually deteriorate through loss of iodine and diffusion of the violet dye. According to Michaelis (cited by Meyer 1897) the following method is sometimes successful. The stained sections are quickly rinsed in water by transferring them to a clear drop of water on a microscope slide. The water is subsequently removed as thoroughly as possible with filter paper and the section is left to dry slowly in the air. Most of the iodine evaporates, but the violet stain is almost completely retained by the plasmodesmata. As soon as the section appears to be dry it is cleared in xylene or preferably in a solution of 100 g. of phenol in 100 ml. xylene and subsequently mounted in canada balsam or an equivalent mounting medium. The difficulty is to control the drying, so that the cell walls are not so desiccated as to become unduly shrunk and distorted. Traces of water are readily absorbed if phenol is added to the clearing agent. Jungers (1930) who tried this method for permanent slides of pyoktanin-stained plasmodesmata, reports that the violet stain soon diffuses into the mounting medium which renders the method useless.

c) The third group of methods is based on the fact that certain elements absorb silver salts more strongly or reduce silver compounds more rapidly than other elements of the same cell or tissue, so that the metallic silver formed out of the silver compound by reduction is concentrated in the strongly absorbent parts. This technique, which is commonly employed in the microscopic examination of brain tissue, has also been applied to the study of plasmodesmata by Tröndle (1913), Pfeiffer-Wellheim (1924), Günther (1927), Jungers (1930) and Mühldorf (1937). If successful, the staining shows the plasmodesmata as dark lines on a practically colourless background Mühldorf (1937), who studied all the methods for demonstrating plasmodesmata thoroughly, stated that, as in the pyoktanin staining method, precipitations are likely to occur, so that similar artefacts as in the latter methods are met with and inexperienced observers may easily be misled. Again, in some cases excellent results can be obtained— Mühldorf mentions calloused sieve-tubes as an example—but the method is not specific enough for general work. An advantage is that the preparations, if the impregnation has been successful, can be made into permanent mounts.

4. Occurrence and Distribution of Plasmodesmata in the Plant and in the Plant Kingdom

Soon after Tangl's (1897) discovery of the protoplasmic nature of the plasmodesmata, their great importance in connection with translocation was realised. As early as 1882 Strasburger expressed the view that all living cells of a plant (he had, as most of his contemporaries, usually only "higher" plants in mind when referring to "a plant") are connected by fine threads of protoplasm which constitute the channels of communication between the individual protoplasts and are instrumental in transport of essential materials from cell to cell. This postulate has been generally accepted up to the present day, barring the controversial opinions expressed by JUNGERS (1930, 1931) which have since been thoroughly refuted, see p. 15–16 and by an occasional other author, such as WIELER (1943), but the actual exchange of material through the plasmodesmata has so far not been

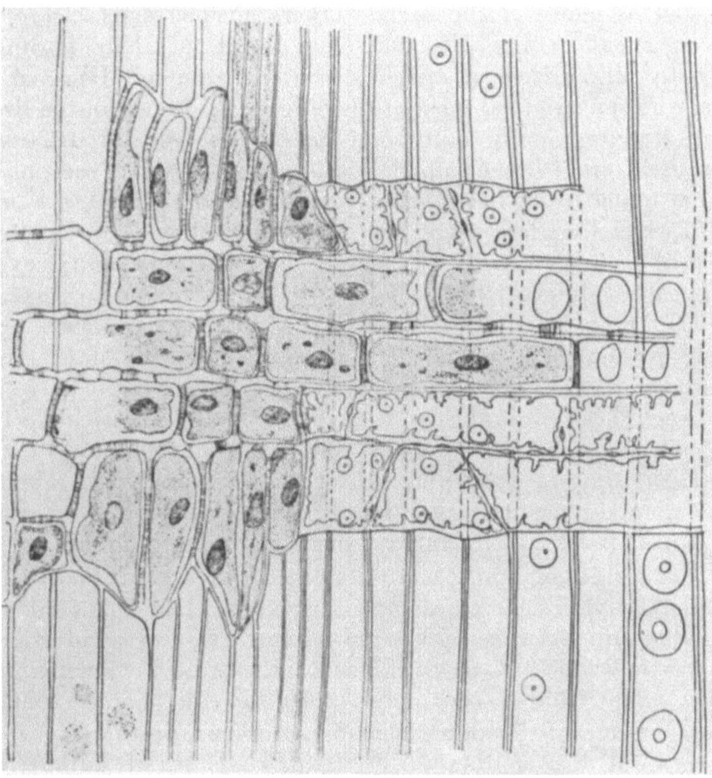

Fig. 3. Radial section of the cambial zone of *Pinus sylvestris*, showing plasmodesmata between the various living cells of the cambium, phloem and xylem ray. Note the absence of plasmodesmata between the differentiated tracheids, the tracheids and the ray tracheids, and the tracheids and the ray parenchyma.
(After GARDINER and HILL 1901.)

definitely proved by direct methods and it is only accepted as a fact on circumstantial evidence (STRASBURGER 1901: SCHUMACHER 1930: MÜHLDORF 1937; CRAFTS 1951). The first requirement to prove this theory is of course the general occurrence of plasmodesmata between all the living cells of any individual plant and in all species of plants having real tissues. It is, therefore, not surprising that attempts were made to show the presence of plasmodesmata in as many different objects and in as many different tissues of one single plant species as possible. After adequate staining techniques had been developed a series of papers appeared which confirmed the general presence of protoplasmic connections in higher plants. GARDINER (1882 a. 1882 b. 1883 a. 1883 b. 1883 c. 1897). KIENITZ-GERLOFF (1891).

1902), Strasburger (1901), Kohl (1900, 1902), Wulff (1905, 1906) and others demonstrated the presence of plasmodesmata in Angiosperms: Kohl (1897), Strasburger (1901), Kienitz-Gerloff (1902) and Piskernik (1914), reported their occurrence in Musci, Terletzki (1884) and Poirault (1893) found them in ferns, Goroschankin (1883), Strasburger (1901), Hill (1901), Gardiner and Hill (1901), Stopes and Fujii (1906) in Gymnosperms.

In addition, plasmodesmata were reported from several lower orders of plants, but as many of the early workers mistook artefacts, "Fusions-brücken" or synapses for plasmodesmata, much of their findings was discredited by Meyer (1896 a) and, much later, again by Mühldorf (1937). The latter, who re-examined most of the objects mentioned in the literature as well as studying many additional ones and critically discussed the pertaining literature, summed up the position as follows : True plasmodesmata are not found in *Bacteriophyta, Cyanophyta, Rhodophyta, Fungi* and *Lichenes*, in which they had been reported by several other authers (e. g., by Meyer 1896 b) and, as a rule, are lacking in the *Chlorophyta*, except in some *Volvocales* (Meyer 1896 c), *Chaetopeltis* and *Codium* (Küster 1933). In the *Phaeophyta* with well developed sieve hyphae, Sykes (1908) observed conspicuous protoplasmic connections reminiscent of the slime strings of the sieves-tubes in the *Anthophyta* which may be narrowed by a callous-like substance. These protoplasmic connections may be thus converted into real plasmodesmata, as in the sieve-plate of Angiosperms. In the less specialised *Phaeophyta* true plasmodesmata are apparently absent. In all higher plants plasmodesmata are present and have been definitely established in mosses, *Hepaticae, Pteridophyta,* and *Anthophyta.*

Apart from this general occurrence, the presence of plasmodesmata between all the living cells of a single individual plant was demonstrated by Kuhla (1900) in the case of *Viscum album.* Gardiner and Hill (1901) did the same in *Pinus sylvestris* and related species, Livingston (1933) in the tobacco plant, and Drake et al. (1934) in the onion. There can, accordingly, be very little doubt that Strasburger's postulate is true and that at least in all higher plants (i. e., from *Bryophyta* of *Anthophyta*) all living cells are connected by plasmodesmata. (For the distribution of the plasmodesmata in the walls of individual cells see under 5. "Morphology etc. of Plasmodesmata.")

The presence of plasmodesmata in the higher plant forms another difference between the "true" tissues of *Bryophyta, Pteridophyta* and *Anthophyta,* and the "false" tissues in the thalli of lower Cryptogams and Fungi, the former being a real entity in every respect, the latter an aggregation of separate elements (hyphae or other thallus filaments). Protoplasmic connections ("synapses") have been reported in *Rhodophyta* (Jungers 1933), filamentous *Cyanophyta* (Johansen 1940) and other groups of algae (Moore 1886; Kohl 1891), and perforations in the transverse walls of the hyphae frequently occur in certain groups of fungi (Buller 1933; Brodie 1942). However, they are not comparable with the plasmodesmata as was assumed by Mangenot (1924, 1926) and by Buller (1933), because these protoplasmic connections are so wide that interchange of certain cell constituents is possible, and, in fact, often a normal phenomenon such as the migration of nuclei and vacuoles in fungi (see BULLER 1933, who also gave an extensive bibliography on the protoplasmic connections in fungi). Another difference between the "wide" protoplasmic connections (Fusionsbrücken of MEYER, synapses of MANGENOT) and true plasmodesmata is their formation. Synapses are formed by a gradual narrowing of the growing cell wall which starts as a peripheral ring and grows centripetally, whereas true plasmodesmata, except those in callus plugs of sieve-tubes, never develop by the narrowing of an existing wider perforation in the cell walls (see under 6, "Development of Plasmodesmata").

Plasmodesmata, or at least structures which resemble plasmodesmata, are also found in some animal tissues (see e.g., MEYER 1896 c, 1920; STUDNIČKA 1929). As true cell walls are not known in the animal kingdom, the plasmodesmata are found in some animal tissues where some intercellular substance has been deposited, as in bony tissues and cartilage. They obviously have the same function as the plasmodesmata in plant tissues, but are only developed in those cases where an intercellular substance interferes with the exchange of material from cell to cell.

Of special interest are the plasmodesmata which can be observed in the living organism, as in *Volvox* (MEYER 1896 c) and those which have been reported in cell walls separating the cells of stock and graft (STRASBURGER 1901, BÁLINT 1910), of the two components of graft hybrids (BUDER 1911, HUME 1913, MEYER 1914), and of certain higher parasites (such as *Cuscuta*) and their hosts (SCHUMACHER and HALBSGUTH 1939, BENNETT 1944). The former are important because they enable us to study their composition and structure much better than in plant tissues where they are enclosed by the cell walls, the latter are interesting in connection with the question of the origin and development of the plasmodesmata (see p. 126).

5. Morphology, Structure and Protoplasmic Nature of Plasmodesmata

The minuteness of the plasmodesmata and the consequent difficulty of observation render the study of their structure not an easy task. Under the microscope they appear as fine lines in those cases where direct observation is possible (certain endosperms, *Volvox*) and they are apparently very slender cylindrical rods, usually straight but sometimes curved, unbranched except in *Volvox*, and of even diameter. Their width is in the order of 0.1—0.2 μ (LIVINGSTON and BAILEY 1946: ROELOFSEN and HOUWINK 1951). In sections which have been subjected to swelling treatments. notably in those stained by means of iodine and sulphuric acid or MEYER's pyoktanin method, the plasmodesmata often show a slight thickening in the middle (see Fig. 4). but this is most probably an artefact caused by the differences in swelling between the cell wall and the middle lamella (KOHL 1900. 1902: MEYER 1920; MÜHLDORF 1937). Similarly. the frequently beaded appearance of stained plasmodesmata must be ascribed to differences in swelling of the various layers of the cell wall (MÜHLDORF 1937).

Much of our knowledge of the structure of the plasmodesmata was deduced from Meyer's (1896 c) observations on the plasmodesmata in living colonies of *Volvox*. They appear under the microscope as fine hyaline strands without any visible microscopical structure. Although there is no direct proof, it is generally assumed that the plasmodesmata which are enclosed in cell walls have the same hyaline structure.

Meyer found that the plasmodesmata of *Volvox* show the same behaviour towards certain reagents (he mentions solubility in sodium hypochlorite) and towards fixing agents (chromic acid, formalin, alcohol, etc.) as protoplasm. He also pointed out that the plasmodesmata of *Viscum* and of the endosperm of *Latania borbonica* show the same behaviour towards these agents as the plasmodesmata of *Volvox,* so that the plasmodesmata of higher plants must have the same structure and are, therefore, also protoplasmic. Mühldorf (1937) reported that the plasmodesmata can be hardened by the action of formalin and made much more resistant against certain hydrolizing reagents, which is a typical property of proteins.

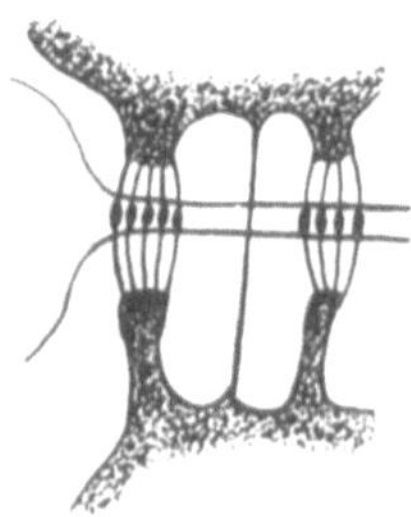

Fig. 4. Plasmodesmata in the mesophyl of *Viscum*. Plasmodesmata only present in the pit membranes. Note the central thickened part (nodule) of the plasmodesmata in the region of the middle lamella, which often appears in stained and/or swollen sections and is probably an artefact.

(After Kienitz-Gerloff.)

All the evidence points to a protoplasmic nature of the plasmodesmata and it is very likely that they are extensions of the likewise hyaline and microscopically structureless ectoplasm ("Außenschicht" or "Hüllschicht," Tangl 1879; Strasburger 1901: Meyer 1920.) The protoplasmic nature of the plasmodesmata had never been in doubt since Tangl and Strasburger postulated the continuity of protoplasm till 1930 when Jungers published a paper in which he concluded that plasmodesmata are certainly not protoplasmic, but merely specialised cell wall substance. Strasburger's (1901) and Meyer's (1920) arguments were mainly the following:—

1. Tangl (1879) had noticed that the outer layer of the protoplasts and the plasmodesmata are both equally stained by iodine, and both different from the cell wall (when iodine-sulphuric acid is applied, they stain brown, the cell walls blue).

2. Plasmodesmata show a great affinity to anilin stains which are supposed to be more or less specific stains for protoplasm (e. g., anilin blue).

3. Plasmodesmata show the same behaviour towards certain reagents and fixatives as protoplasm (Meyer 1896 c, see above).

4. After plasmolysis, the contracted protoplast is often connected with the cell walls by fine strands of protoplasm. Gardiner (1883 a) and Moore (1886) already suggested that these strands are running from the protoplast to the plasmodesmata. Poirault (1893) observed a direct continuity of these strands of protoplasm between the plasmolysed protoplast and the plasmodesmata, as is evident from Fig. 23 of his publication (see Fig. 5). Hecht (1912) also discussed the frequent occurrence of protoplasm strands between the contracted protoplast and the cell wall after plasmolysis. These strands are consequently sometimes referred to as

"Hecht's connecting filaments," although the phenomenon had been discovered long before him (Gardiner 1883 a, Moore 1886, Poirault 1893, and others).

5. After drastic plasmolysis, the plasmodesmata of *Mnium* cannot be demonstrated in the walls any more: they have evidently been extracted from the plasmodesmoducts in the walls by the contracting cytoplast (Strasburger 1901).

6. Gardiner (1897) observed that in the endosperm of germinating seeds of *Tamus communis* the action of the enzymes during the disintegration of the cell walls proceeds along the plasmodesmata, which indicates that the enzymes are moving freely into the plasmodesmata, so that the latter must be protoplasmic.

7. Plasmodesmata usually run straight from cell to cell, across the full width of the cell wall, do not end blind and are lacking in the outer walls of epidermal cells and in parts of the walls facing intercellular spaces. This "topographical" argument indicates that the plasmodesmata are only found in places where they can indeed connect the protoplasts of adjacent cells.

8. Plasmodesmata are not found in the walls of dead tissues and gradually disappear from the walls of dying cells (Strasburger 1901). See Fig. 3.

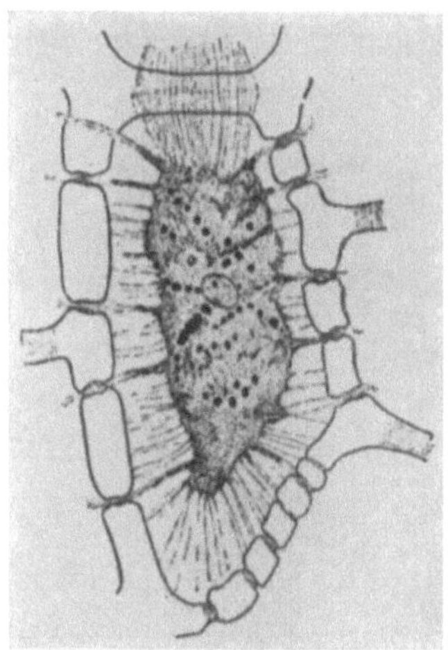

Fig. 5. Cell from the petiole of *Marattia*, showing continuity of the protoplasm through strands of cytoplasm present between the contracted protoplast and the wall, and the plasmodesmata to similar strands of protoplasm in adjacent cells.

(After Poirault 1893.)

Jungers (1930) contested these arguments and gave the following interpretations of his observations:—

1. Plasmodesmata do not specifically stain with stains known as "protoplasm stains."

2. Some plasmodesmata do not dissolve in sodium hypochlorite. Jungers, starting from the erroneous assumption that *all* proteins dissolve completely in hypochlorite, drew the conclusion that the plasmodesmata cannot be built up out of protoplasm.

3. After plasmolysis, Hecht's connecting filaments need not always correspond with plasmodesmata, but may be attached to any part of the cell wall.

4. In the outer wall of epidermal cells of *Lilium martagon* and *Tamus communis*, Gardiner (1897) observed structures which resemble plasmodesmata. There is no reason for the protoplast to possess connections with the open air and these structures, and consequently, by inference, all plasmodesmata cannot, therefore, be living protoplasm. (This point will be discussed in detail below.)

5. Plasmodesmata do not always run from protoplast to protoplast. There are, according to Jungers, long plasmodesmata transversing the wall completely, but also shorter elements which otherwise resemble the long

ones in very respect (the so-called "filaments courts" or "filaments incomplets," or "short incomplete filaments").

6. Plasmodesmata may be branched, forked, undulated or even recurved and many of them end blind or end in the wall opposite an intercellular space.

7. In the cell walls of young endosperm of *Iris,* structures are present parallel to the wall surface which may interconnect plasmodesmata and have the same affinity to stains and the same properties as plasmodesmata crossing the cell wall.

Jungers' arguments have been contested by Livingston (1933) and by Mühldorf (1937). The latter author carefully studied many of the objects and methods employed by Jungers. Most of Jungers' observations proved to be incorrect because he was mislead by artefacts, and it was not difficult to dispose of the remainder of the arguments. In a discussion of the protoplasmic nature of the plasmodesmata the present author (A. D. J. Meeuse 1940) has summed up Mühldorf's conclusions. opposing them to Jungers' arguments as follows (slightly modified here):—

ad 1. Jungers employd as "protoplasm stains" anilin blue, methyl orange and light green. The number of stains might have been considerably larger still without being conclusive of the nature of the plasmodesmata. because among the usual biological dyestuffs there is not one truly specific for protoplasm. On the other hand, numerous positive indications can be found in Tangl's (1879) frequently confirmed observation of the brown colour after the application of iodine and the records of many successful results with more or less specific "protoplasm stains": anilin blue (Russow 1883: Terletzki 1884, Moore 1886: Kienitz-Gerloff 1891; Gardiner 1897, 1898), eosin (Kienitz-Gerloff 1891: Poirault 1893). safranin (Gardiner 1897), acid violet, methyl violet or gentian violet (Gardiner 1883 a. 1897; Strasburger 1901: Livingston 1933; Mühldorf 1937). As was pointed out by Livingston (1933) the protoplast and the plasmodesmata show an analogous behaviour when stained in Meyer's pyoktanin. Both the protoplast and the plasmodesmata absorb the iodine and the violet dyestuff, whereas the cell walls themselves seem to possess little or no affinity for either substance if the staining is properly carried out.

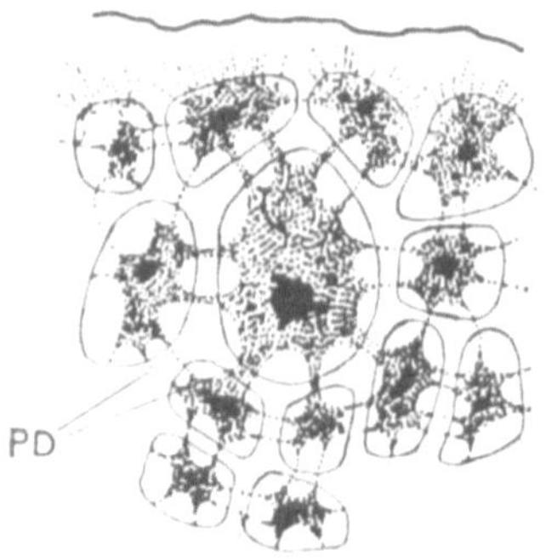

Fig. 6. Developing idioblast and surrounding cells in a transverse section of a *Citrus* leaf, after treatment with IKI, followed by gradual irrigation with H_2SO_4. The cell walls have been dissolved, but the plasmodesmata (*PD*) remain as thin strands connecting the shrivelled protoplasts. Note the plasmodesmata in the outer walls of the epidermal cells (which reach as far as the cuticle).

(After Scott et al. 1948.)

ad 2. The solubility of plasmodesmata in Javelle water was tested by Mühldorf and he found that in some cases they rapidly dissolved in the reagent. whereas others are much more resistant. some of them persisting even when treated with the reagent for ten days.

ad 3. Jungers was quite correct in stating that the protoplasm strands formed between protoplast and wall during plasmolysis do not necessarily indicate a connection between protoplast and plasmodesmata, but on the other hand there can be very little doubt that such connections do exist, since a direct continuity has been found (MOORE 1886, POIRAULT 1893; see also Fig. 8 of LIVINGSTON's [1933] publication and the papers by SCOTT [1946, 1949] and SCOTT et al. [1948], cf. Fig. 6 and Fig. 7).

ad 4. STRASBURGER (1901) had already concluded that the structure reported in the outer epidermal cell walls reported by GARDINER are dis-

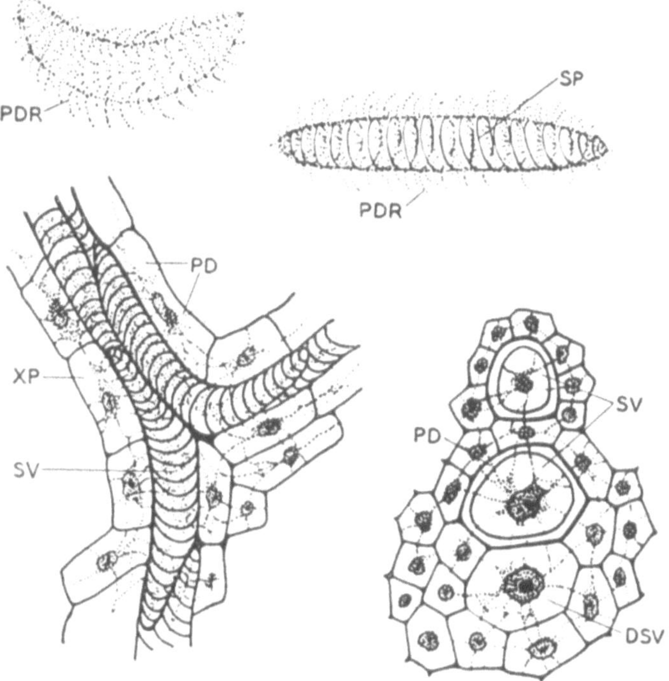

Fig. 7. Young xylem vessels of *Acanthus mollis*, as seen in a longitudinal section of a young leaf (bottom, left) and in cross-section (bottom, right), and how they appear after a treatment of a longitudinal section with IKI and 80% H_2SO_4. Note the presence of well-developed spiral thickenings in the walls of the vessels, the spiral arrangement of the plasmodesmata of the vessels and the continuity of the protoplasts and the plasmodesmata after the cell wall has been dissolved.

DSV: differentiating spiral vessel; *SV*: spiral vessel; *XP*: xylem parenchyma; *PD*: plasmodesmata; *PDR*: remains of plasmodesmata.
(After SCOTT 1949.)

continuities in the cell wall itself. MÜHLDORF confirmed this and concluded that the structures have no relation whatsoever to plasmodesmata. (This argument will be discussed below.)

ad 5. JUNGERS' "filaments courts" were mostly produced by inadequate methods of preparation and are simply artefacts with the exception of real plasmodesmata which have been buried in the cell wall by subsequently formed secondary thickenings of the wall and still stain in the same way as plasmodesmata, as is the case in *Iris* (see Fig. 8). JUNGERS used Ehrlich's haematoxylin (which is, according to MÜHLDORF, very unspecific), Meyer's pyoktanin and Pfeiffer-Wellheim's silver impregnation. The last two methods often produce dark precipitations which may be confused with plasmodesmata (see p. 9).

ad 6. Branched, forked, recurved or blindly ending plasmodesmata do not occur (except branched plasmodesmata in *Volvox* and the buried plasmodesmata in *Iris*) and they do not end opposite an intercellular space. JUNGERS must again have been misled by artefacts.

ad 7. The transverse connections between plasmodesmata reported by JUNGERS are also artefacts, similar to those reported sub 6 and sub 7.

MÜHLDORF mentioned, in addition, the following observations:—

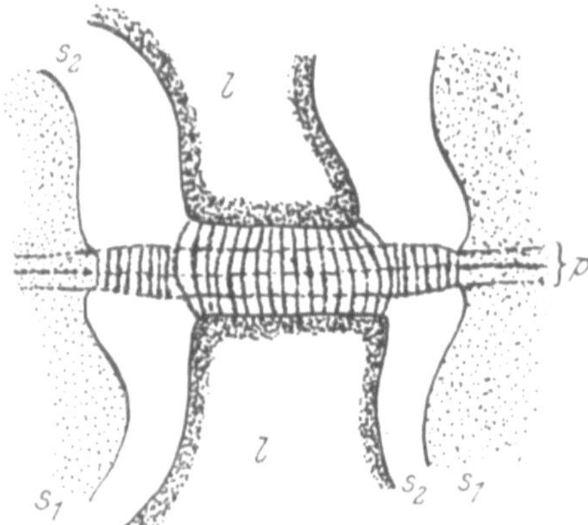

Fig. 8. Part of a section of the endosperm of *Iris*, showing "filaments courts."

l: lumen of pits; *p*: primary cell wall; s_1: first layer of thick secondary wall; s_2: subsequently formed layers of secondary wall. The layer s_2 has covered the outer parts of the original pit membrane formed by the primary wall and not covered by the layer s_1 and has buried the plasmodesmata in these parts which still stain like plasmodesmata and appear as short elements on either side of the longer, functioning plasmodesmata in the remaining pit membrane.

(After JUNGERS 1930.)

(a) By hardening the protoplasmic elements of endosperm tissue by means of 40 per cent. formalin for weeks, he made the hardened protoplasm become very resistant against many reagents. When he subsequently dissolved the cellulosic parts of the wall in sulphuric acid, the plasmodesmata remained intact, so that the continuity of the protoplasm was demonstrated in a direct way. Similar results were obtained by SCOTT (1949) and SCOTT et al. (1948) by applying iodine followed by a very gradual irrigation with 80 per cent. sulphuric acid under the cover-slip: the cellulosic walls dissolve almost completely, the protoplasts and the connecting plasmodesmata remain visible (see Fig. 6).

(b) Positive tests on "oxydase" were obtained in plasmodesmata when Schulze's dimethyl-*p*-phenylene diamine plus α-naphthol or Gräff's "Nadireagent" were applied. As processes connecting with "living matter," in this case respiration, are to be expected in protoplasm rather than in the cell wall, this also pleads strongly in favour of the protoplasmic nature of the plasmodesmata.

(c) The process of disintegration of the cell walls in the endosperm of germinating seeds was followed and this process proceeds along the plasmodesmata. This is a confirmation of GARDINER's (1897) earlier observations.

(d) The cell walls in the seeds of the *Umbelliferae* are very rich in plasmodesmata and show marked protein reactions, which become less distinct or disappear after treatment with proteolytic enzymes (MÜHLDORF 1933).

(e) Occasionally the plasmodesmata are able to reduce osmic acid after a treatment with proteolytic enzymes, from which MÜHLDORF concluded that they may contain "lipoproteins" (or lecythinoid coacervates, in a more modern terminology).

(f) In the ontogeny of sieve-tubes plasmodesmata are converted into the "slime-strings" which fill up the perforations in the sieve-plates. Conversely, slime-strings may be converted into plasmodesmata again when the sieve-tubes become dormant and blocked by callus cushions in autumn. When the sieve-tubes become active again after a period of dormancy, the callus in dissolved and the plasmodesmata again become slime-strings (HILL 1901, 1908; THODAY 1911; MÜHLDORF 1937; CRAFTS 1939 a; ESAU 1939, 1950; SALMON 1946/1947). There is no doubt about the protoplasmic nature of the slime-strings, as they give the usual protein reactions, and the direct transformation of plasmodesmata into slime-strings, and vice versa, strongly suggests that they are built up of the same substance.

LIVINGSTON (1933). DRAKE et al. (1934). SHEFFIELD (1936) ESAU (1939, 1948). BENNETT (1940 a, 1940 b), SMITH (1951) and others (see the reviews by CRAFTS

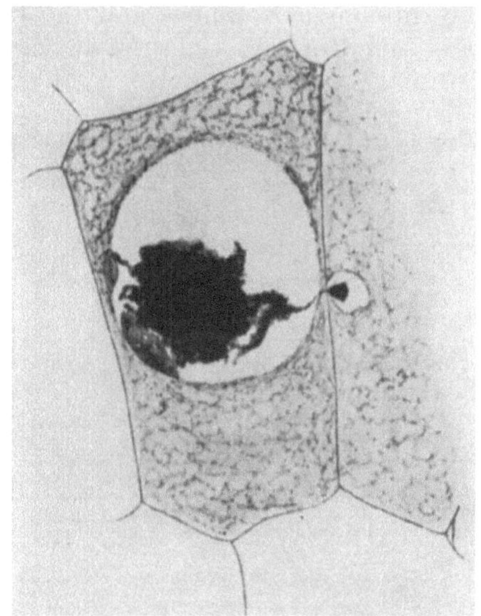

Fig. 9. "Chromatin extrusion" in cells of *Lilium candidum.*

Nuclei in one cell are connected by threads of protoplasm to nuclear material in an adjacent cell. This phenomenon, as well as nuclear migration, may be a traumatic condition, but has been used as an argument in favour of protoplasmic continuity through the plasmodesmata.
(After WEST and LECHMERE 1915.)

1939, 1951) discussed the spread of virus diseases in the plant and came to the conclusion that virus particles can only migrate from infected cells to healthy cells through protoplasmic connections.

The accumulated evidence seems to be overwhelming and conclusive, but the direct observation by means of electron microscopy of minute perforations having approximately the same cross-sectional area as the plasmodesmata (ROELOFSEN and HOUWINK 1951) contributed an additional and very strong argument—if the cell walls are perforated. what else but fine strands of protoplasm could fill up the perforations?

Another possible argument in favour of the protoplasmic nature of the plasmodesmata is provided by the so-called nucleus migration and chromatin extrusion (CURTIS 1935). MIEHE (1901) and others (e. g., SCHWEIDLER 1910) reported that under certain conditions nuclei and other constituents of the cytoplast migrate from one cell to an adjacent cytoplast through the wall. Sometimes nuclear substance (chromatin) is extruded into an adjacent cell (West and Lechmere 1915, see Fig. 9). The migration of nuclei has lead to a good deal of controversy in the past, some authors denying and others confirming its occurence. Stomps (1919), for instance, is very doubtful, but Tischler (1921/1922) stated that the migration of nuclear material or complete nuclei is of frequent occurrence. This migration often seems to be a traumatic effect caused by sectioning, fixing or the action of certain reagents, because it is unlikely that the nuclei in higher plants wander from cell to cell or discard part of their chromatin into neighbouring cells under normal conditions, considering the constancy of the chromosome number and the fact that normally only a single nucleus is found in each cell. At any rate, if it is a traumatic phenomenon,

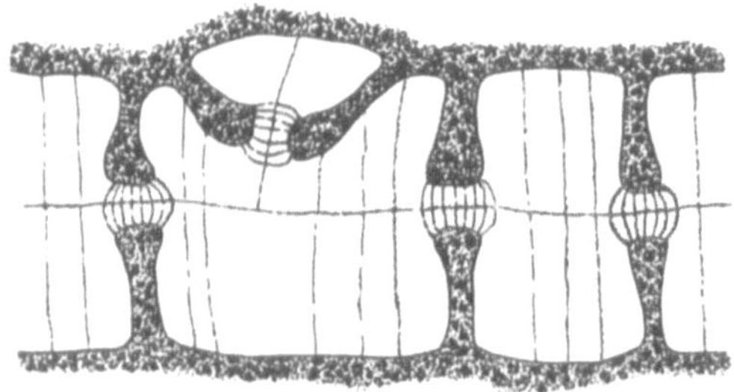

Fig. 10. Part of a section through the "bony" endosperm of *Phytelephas macrocarpa*, showing thick secondary walls traversed by long wall plasmodesmata and long narrow pits with short pit plasmodesmata in the pit membranes ("dimorphism" of the plasmodesmata). The occurrence of two different types of plasmodesmata in the same cell wall has been explained by a difference in function between the two types.

(After Strasburger.)

it cannot be taken as a strong argument for the continuity of protoplasm through the plasmodesmata.

As regards the distribution of the plasmodesmata within a single cell, they are lacking in places opposite intercellular spaces, and in cell walls separating dead and living cells. They are sometimes evenly distributed as in the transverse walls of the hairs on the stamens of *Tradescantia* (Roelofsen and Houwink 1951), but often occur in groups which are usually confined to the pits. Kohl (1900) assumed a dimorphism among them and distinguished "aggregierte" and "solitäre Plasmodesmen" (i. e., aggregated and solitary plasmodesmata, occurring in groups and evenly distributed. respectively). This distinction has no special significance, for otherwise the two types are not different. Meyer (1920) distinguished "Wandbrücken" and "Tüpfelbrücken" (i. e., wall plasmodesmata and pit plasmodesmata). Usually the wall plasmodesmata and the pit plasmodesmata are not found in the same cell wall and there is in this case. apart from the distribution, very little difference between them. However. if the two types occur in the same cell wall, as in the endosperm of *Phytelephas macrocarpa* (see Fig. 10), there may be a difference in function, as will be discussed on p. 33. The plasmodesmata of young xylem vessels with spiral thickenings appear to be spirally arranged (Scott 1949. see Fig. 6).

The relation between aggregated plasmodesmata and pits will be discussed sub 6 in connection with the development of the plasmodesmata.

Pit plasmodesmata are not always straight. The outer (lateral) ones are often curved (see Figs. 4, 10, 11). The superficial resemblance between such a group of pit plasmodesmata and the mitotic spindle has led to speculations on the formation of the plasmodesmata (see sub 6, "Development of Plasmodesmata").

The only reference to quantitative frequency of the plasmodesmata was made by KUHLA (1900) who estimated that the number of plasmodesmata per square millimetre of wall surface in *Viscum album* is 21,000 to 30,000. From the available text figures and other evidence in the literature on plasmodesmata it can be concluded that the frequency can be considerably less, as in the endosperm cells of *Strychnos* (TANGL 1879; JUNGERS 1930) and *Diospyros* (QUISUMBING 1925), but also appreciably higher, as in the fruits of *Umbelliferae* (MÜHLDORF 1933) and in the transverse walls of the staminal hairs of *Tradescantia* (ROELOFSEN and HOUWINK 1951).

Fig. 11. Plasmodesmata in the endosperm of two different species of *Diospyros*.
(After QUISUMBING 1925.)

The resemblance between plasmodesmata and certain artefacts caused by the staining methods employed has been mentioned before and, as we have seen, has caused some controversy in the past. Especially the occurrence of plasmodesmata-like structures in the outer wall of epidermal cells has been contested. It has been mentioned before that STRASBURGER (1901) and MÜHLDORF (1937) both concluded that these structures in the outer walls of epidermal cells are discontinuities in the cell wall substance which show up more clearly when certain swelling and staining methods are employed. This point was later studied by B. J. D. MEEUSE (1938, 1941) who was able to demonstrate that structural discontinuities often appear as striations which are, at least in the majority of cases, due to a variation in the cellulose contents or in the orientation of the cellulose macromolecules. This variation can usually be easily detected in polarized light between crossed nicols by the marked difference in birefringence between the striations and the rest of the wall. The "striae" can be made more clearly perceptible by means of iodine reagents, including Meyer's pyoktanin staining, and they appear in a cross-section of the wall as fine, alternatingly lighter and darker lamellae which indeed resemble plasmodesmata (the darker lamellae) in an unstained or slightly stained wall (the lighter lamellae). As plasmodesmata have no measurable double refraction (A. D. J. Meeuse 1940), the birefringent lamellae can be distinguished at once from plasmodesmata. Nevertheless, the presence of plasmodesmata in the outer walls of epidermal cells has been definitely established by Scott et al. (1948) by dissolving the cell walls in 80 per cent. sulphuric acid after iodine impregnation (see Fig. 6). All other reports on the presence of plasmodesmata in outer cell walls (Gardiner 1897; Jungers 1930; Schumacher and Halbsguth 1939; Schumacher 1942) must, however, be regarded with some doubt because the staining techniques may have caused confusion between the "striations" and true plasmodesmata. Strasburger's (1901) and Jungers' (1930) argument that plasmodesmata in outer walls are "unnecessary" because they would have no obvious function, so that they must be lacking in outer walls, are erroneous, for, as Halbsguth (1942) suggested, the plasmodesmata in outer walls may have several functions, viz., perception of stimuli and excretion (e. g., of waxy material).

Apart from the various artefacts which resemble plasmodesmata and have already been discussed, other structures or artefacts have been confused with plasmodesmata. The following list gives an idea of the many possible pitfalls:—

A. Structural variations of the wall, sometimes becoming more conspicuous after application of swelling agents, iodine and/or stains:

(1) Very narrow pit cavities (interpreted as plasmodesmata by Kienitz-Gerloff 1891 and others, discussed by Meyer 1896 a).

(2) Dermatosome-like granules, formed by the action of swelling agents, often appearing in linear arrangement and resembling "beaded" or "granular" stained plasmodesmata (Jungers 1930 and others, discussed by Mühldorf).

(3) Variations in cellulose contents and/or orientation of the cellulose macromolecules in the cell wall, as discussed above.

B. Structures developed accidentally:

(4) Lines produced by a chipped knife-edge during sectioning, especially in hard ("bony") endosperm. These lines, when perpendicular to the cell wall, resemble plasmodesmata very much.

(5) Granular precipitations in the wall (Meyer's pyoktanin, Pfeiffer-Wellheim's silver impregnation). Especially when the granules are linearly arranged the resemblance can be striking (Mühldorf 1937).

(6) Stained granules in other protoplasmic parts of the cells or dark granular precipitations in the protoplasts on or near the wall. When not properly focussed they may appear as lines *in* the wall and when a group of granules is seen against or through a wall in surface view, they may be taken for aggregated plasmodesmata in that wall (which in surface view also appear as a group of tiny dots).

(7) Dust particles, wax granules or bacteria, simulating plasmodesmata, as the granules mentioned under (6).

(8) Iodine crystals.

(9) Threads of protoplasm, present after contraction of the cytoplast (caused by the fixing agent or some other preliminary treatment), between the wall and the contracted protoplast. When seen through or *against* a wall in surface view they resemble plasmodesmata *in* the wall.

6. Development of Plasmodesmata

TANGL (1879) had noticed that groups of plasmodesmata often resemble a mitotic spindle. RUSSOW (1883) used this superficial resemblance as the main argument for his hypothesis that plasmodesmata are the remains of the spindle threads of mitoses, an idea also held by GARDINER (1900, 1907). For the plasmodesmata in cell walls formed by growth and not after a cell division RUSSOW had to admit "a secondary origin."

KIENITZ-GERLOFF (1891) and STRASBURGER (1901) have disposed of Russow's hypothesis. As STRASBURGER pointed out, certain walls do not develop as a result of mitoses, but by growth of existing walls. The periclinal walls of apical meristems and the radial walls in the cambium, though formed by growth alone, do not show any appreciable differences in the number of plasmodesmata as compared with other walls of the same cells arising from a cell plate or phragmoplast after a cell division (KUHLA 1900). The outer walls of epidermal cells though not formed by cell division also contain plasmodesmata (SCOTT et al. 1948).

In order to find an alternative explanation of the development of plasmodesmata, meristematic tissues were studied. It has been reported several times that plasmodesmata can be demonstrated by means of the appropriate staining techniques in the relatively young and growing cell walls of meristematic tissues but not in the youngest walls formed immediately after cell division or in the walls of very young meristem cells (MEYER 1920; LUNDEGÅRDH 1922; KERR and BAILEY 1934; MÜHLDORF 1937; A. D. J. MEEUSE 1942; MERICLE and WHALEY 1953).

Three possible explanations of the absence of plasmodesmata in the walls of the youngest meristem have been suggested (A. D. J. MEEUSE 1941):—

(1) Plasmodesmata may be present, but our technique is not refined enough to detect them.

(2) Plasmodesmata are lacking in the youngest cell walls and are formed at a later stage.

(3) The youngest cell walls are penetrated by protoplasm or are permeable to protoplasm, so that the protoplasts are in communication, but later on, the protoplasm retracts from the wall except in certain places where it then constitutes the plasmodesmata.

Ad (1) The failure to demonstrate plasmodesmata in very young cell walls has been ascribed to the fact that these walls do not swell, but this argument is not very convincing. Recent studies of meristematic cell walls by means of electron microscopy have shown that indeed in the youngest walls the plasmodesmata are not differentiated (MERICLE and WHALEY 1953).

This technique is so refined that the fact has to be accepted that the plasmodesmata are lacking or "diffuse."

Ad (2) The second explanation implies that the main function of plasmodesmata—translocation—is performed by some other mechanism when the latter are not present. Strasburger (1901) was of the opinion that plasmodesmata are formed by the intrusions of the protoplasts of adjacent cells, penetrating the walls from either side like pseudopodia of amoebae, and meeting in the middle. Strasburger has also assumed that the two protoplasmic intrusions widened just before joining and that this widened part is the "nodule," so often conspicuous in stained plasmodesmata. This nodule is most probably an artefact (see p. 13). This hypothesis cannot be supported, however, because several of its consequences are very unlikely. Strasburger himself has shown that plasmodesmata ruptured by plasmolysis are not re-established and in this case there is not even the necessity of establishing plasmodesmoducts, as would be required by the theory when plasmodesmata are formed by intrusion into the cell walls. The formation of the perforations (plasmodesmoducts) in the cell wall as suggested by Strasburger is highly improbable because at the same time the growing wall must be locally digested by intrusions of the protoplast, whereas it is thickened by the same protoplast in other places by the formation of cell wall substance constituting the primary cell wall. Finally, intermediate stages to be expected in the development of plasmodesmata, i. e., two protoplasmic intrusions opposite each other but not yet meeting in the middle and still separated by a part of the wall, have never been observed. The formation (and possible re-formation) of plasmodesmata has been one of the main arguments in the theories of relative growth of cells and re-adjustment in cell patterns, as will be discussed sub 7. and is also of interest in connection with the protoplasmic continuity between the cells derived from two separate elements intimately joined at a later stage (graft and stock, graft hybrids, higher parasites and hosts) as will be discussed below.

Ad (3) This explanation seems to be the most acceptable and does not conflict with the "sudden" appearance of plasmodesmata as demonstrated by electron microscopy or with the continuity of the protoplasts through the walls. Several peculiarities of the youngest meristematic cells support this. Maceration of the youngest meristematic tissues is very difficult (Tupper-Carey and Priestley 1924) which suggests that their cell walls are much more tightly held together than in older tissues by a difference in structure or in chemical composition, or both. The coalescence of the protoplasm through the cell walls may well be the explanation. The cellulose in these young meristematic cells is not uniformly distributed, but laid down as very fine fibrillae (Mühlethaler 1950; O'Kelly and Carr 1954). The spaces between these fine fibrillae may well be permeable to protoplasm. Under slightly lower magnifications the very young meristematic cell walls appear homogeneous (Mericle and Whaley 1953). The cellulose layers of the primary wall formed after this apparently homogeneous stage are not evenly distributed, but appear as strands or bands which form a network on the wall. This phenomenon was discovered by BARANETZKI as early as 1886, but has been independently rediscovered several times (e. g., by TUPPER-CAREY and PRIESTLEY 1924, MERICLE and WHALEY 1953). The electron microphotographs of meristematic cells indicate that the youngest cell walls pass from the apparently homogeneous stage to a stage when a single rather coarse network is formed. This network later becomes more complicated by the formation of finer strands of cellulose in the meshes, forming a finer secondary network, and this can be repeated once or twice. The usual cellulose reactions are given by the strands of cellulose, but apparently not by the meshes. At a certain stage the plasmodesmata appear in the meshes, which ultimately become the pits and have been referred to as "primary pit fields" (see Fig. 12). After the formation of the primary pit fields and the plasmodesmata, layers of cell wall substance of a more uniform thickness are laid down which cover the original meshwork, so that the latter cannot be detected in older cells any more, but as a rule the places where the aggregated plasmodesmata have appeared remain thinner and become pits. This explains the relation between pits and aggregated plasmodesmata. The plasmodesmata which are evenly distributed through the wall (solitary plasmodesmata) are most probably formed in the same way, the only difference being that they are not confined to the primary pit fields or, alternatively, that the meshes of the young cell wall do not all, or not always, change into primary pit fields and pits.

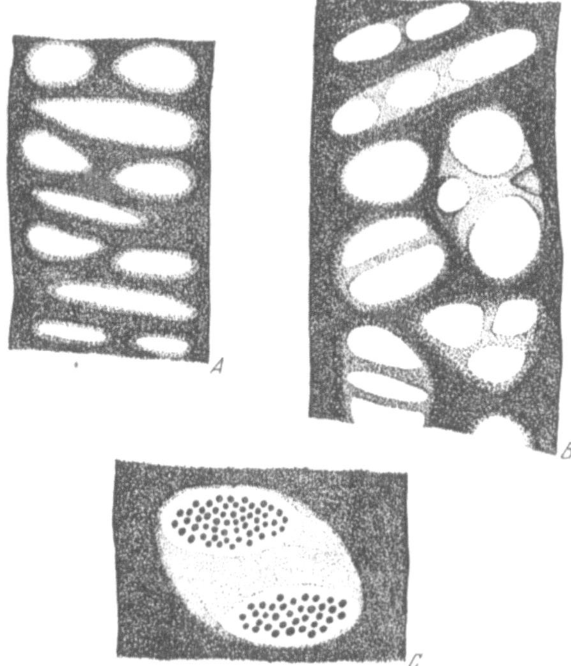

Fig. 12. Diagrammatic representation of the development of plasmodesmata in the walls of differentiating meristematic cells (based on electron microphotographs taken by MERICLE and WHALEY 1953). *A*: Wall of young meristem cell in surface view, showing the first indication of primary pit fields (light patches). *B*: More advanced stage, showing gradual subdivision of primary pit field areas into several primary pit fields. *C*: Older stage, showing appearance of minute dots (= plasmodesmata) in the primary pit fields.

This explanation of the development of the plasmodesmata not only holds for both cell walls formed after cell division out of phragmoplasts and cell walls formed by growth of existing walls in normal meristematic tissues, but might also explain the protoplasmatic continuity between graft or oculation and stock, and between the cells of the different species constituting a graft hybrid. The first connection between the two separate elements of grafts or oculations is through the cambia or through the formed wound callus, both meristematic tissues. If we assume that the meristematic cell walls are penetrated by protoplasm and have not yet formed distinct protoplasmata, they can unite easily, for protoplasmic continuity is at once established at every point of contact. A subsequent differentiation into concrete plasmodesmata consolidates the connection between adjacent cells originated from both elements.

Another question is if plasmodesmata are also formed in older cell walls. If the number of plasmodesmata increases along with the growth of the cell, new plasmodesmata must be formed. It has been suggested that, as the surface area of the cell wall increases, the cross-sectional area of the plasmodesmoducts also increases. After a while the plasmodesmata might become so wide that cellulose deposits are formed inside the widened plasmodesmoducts which divide the plasmodesmata into two or more daughter plasmodesmata (Priestley 1931; Wardrop 1954). This form of multiplication has so far not been experimentally proved. At any rate, this process, if it occurs at all, is not a formation of plasmodesmata *de novo*. Wardrop (1954) has suggested that this method of multiplication may be important in connection with cell wall growth (see also p. 31).

The presence of protoplasmic connections between the cells of parasite and host, as reported by Schumacher and Halbsguth (1939) and Bennett (1944) in the case of *Cuscuta*, needs confirmation, because it is not possible to explain their occurrence by means of one of the possibilities mentioned above, except Strasburger's theory. Thoday (1911) reported that the hyphen-like cells of the haustoria of *Cuscuta* become mucilaginous at their ends so that the protoplasts of these cells come into direct contact with the cell walls of the host and the establishment of protoplasmic connections is not necessary. Thoday was, therefore, convinced that a secondary form-ation of plasmodesmata between elements of different origin (such as between *Cuscuta* and its host plant) never takes place and was a very strong adherer of the theory that plasmodesmata are present in the cell wall from their inception.

7. Plasmodesmata in Relation to Relative Growth of Cell Walls and Readjustments of Cell Patterns

In 1886 Krabbe suggested that during cell differentiation readjustments in the arrangements of cells are brought about by a mutual slipping of cells along one another ("gleitendes Wachstum," i. e., "slipping" or "sliding" growth). Each cell wall was supposed to slide along adjacent cell walls and the consequence is that the plasmodesmata in sliding walls must be ruptured by the relative displacement of the walls of two adjacent "sliding" cells. The protoplasmic continuity of the cells was assumed to be restored again by the re-formation of plasmodesmata, at a later stage, when the sliding movement has ceased (STRASBURGER 1901, JOST 1901, BANNON and WHALLEY 1950).   A complete loss of all plasmodesmata in a developing tissue at any one time seems highly improbable, for it would completely isolate the protoplasts, which is inconceivable in connection with the high metabolism of actively growing and differentiating cells. This is one of the main arguments used by authors who suggested alternative explanations and, in fact, during the differentiation of cells primary pit fields and plasmodesmata can always be demonstrated in at least some of the cell walls and a general shift never takes place (PRIESTLEY 1931; A. D. J. MEEUSE 1942). Therefore, KRABBE's concept of sliding growth has been replaced by PRIESTLEY's (1931) idea of "symplastic growth" which assumes a readjustment of all cell walls as a "common framework" without slip and without rupture of plasmodesmata, and by SINNOTT and BLOCH's (1939) concept of "intrusive growth" which assumes a localised apical growth of the cell wall and local, i. e. partial, destruction of protoplasmic connections. These theories and their consequences have been discussed in great detail by the present author (1942), the main conclusion being that symplastic growth generally occurs, but new contacts between cells not previously adjacent are established (chiefly in developing secondary xylem) by intrusion or by splitting of adjacent cell walls, but not by sliding growth. More direct evidence of apical intrusive growth has since been found (see for instance BANNON and WHALLEY 1950; WARDROP and DADSWELL 1952) and the available information indicates that this apical growth is very localised and occurs at the extreme tips of the cells. A considerable portion of the cell walls with their plasmodesmata are therefore not affected by the readjustments in the cell pattern and protoplasmic continuity is preserved throughout the differentiation process from meristematic to mature tissues. There is no direct evidence in support of the contention that plasmodesmata in differentiating tissues re-form after being destroyed, and indeed, it is found that walls developed from secondary contacts between growing cells do not possess plasmodesmata or pits (PRIESTLEY 1931; A. D. J. MEEUSE 1942). An alternative possibility is that the cell walls are so young when they slide or develop secondary contacts that the plasmodesmata have not yet differentiated and direct continuity of protoplasm through the young walls occurs throughout the readjustment of the cell wall pattern, but the available evidence indicates that plasmodesmata are formed at an early stage before cell differentiation, or at any rate before considerable elongation, takes place (A. D. J. MEEUSE 1942; MERICLE and WHALEY 1953) and the observation of persistent primary pit fields and plasmodesmata in developing cambial cells (PRIESTLEY 1931; KEER and BAILEY 1934; A. D. J. MEEUSE 1942; LIVINGSTON and BAILEY 1946) rules this explanation out. As was suggested, this possibility may be the explanation of the protoplasmic continuity between graft and stock and between the cells of the two spezies forming a graft hybrid, because true meristems are present in or formed by the two elements which fuse and establish protoplasmic continuity before differentiation and cell elongation occurs.

8. The Possible Functions of Plasmodesmata

Tangl (1879), after discovering the protoplasmic nature of the plasmodesmata, immediately suggested that their function was the translocation of material from cell to cell. All subsequent authors who also accepted their protoplasmic nature agree that they must be instrumental in transport of substances from cell to cell, a view also given in general textbooks on botany, general cytology and plant anatomy, but this supposition is still conjectural.

We know that certain substances are synthesised in the leaves where the carbon dioxide assimilation process takes place and subsequently transported to other parts of the plant body. Other substances, such as some alcaloids, are synthesised in the roots and are later found in the leaves. In actively growing apical meristems and cambia the cell metabolism is high because numerous mitoses are taking place, more cytoplasm is being formed and new cell walls are deposited. Cells differentiating from the meristematic to the mature state also need a considerable supply of material for the increasing amount of cytoplasm and the formation of the cell walls. In the reproductive organs and developing seeds a considerable influx of material is required for the formation of pollen grains, ovula, nucelli, embryos, cotyledons, endosperm, etc. (see, for instance, Stopes and Fujii 1906).

Before the leaves of deciduous perennials are shed in autumn, most of the cell contents of the leaf tissues are removed and used or stored elsewhere in the plant (Strasburger 1882; Kienitz-Gerloff 1891; Curtis 1935). This requires transport of materials from the leaves to the stems. In underground tubers, bulbs, root stocks and in xylem rays materials are stored. These organs have no appreciable power of assimilation or none at all, and at least some of the elementary building stones of the proteins, fats, caruohydrates, alcaloids, growth substances and other "hormones," enzymes, cell wall substances and other organic matter which they contain have to be supplied from places where carbon dioxide assimilation and synthesis take place. Over long distances this transport is probably mainly carried out by the sieve-tubes, but ultimately a translocation from cell to cell is necessary at either end.

Very little is known about the mechanism of transport from cell to cell. There are indications that the mechanism of translocation through plasmodesmata and through the sieve-plates of sieve-tubes is essentially the same, but even the transport through sieve-tubes is not fully understood (Crafts 1951). The problem of translocation has been discussed in detail by Münch (1930), Curtis (1935), Crafts (1951) and others. It ist conceivable that water-soluble substances with rather small molecules, such as sugars and amino acids, can pass through the cell of living tissues—which always contain water—by a simple diffusion process, eventually aided by differences in osmotic pressure between adjacent protoplasts. If the more complicated organic substances are built up in the cytoplasts exclusively from water-soluble elementary organic compounds of low molecular weight, this diffusion process through the cell walls might be sufficient to explain the mechanism of translocation. However, as Curtis (1935) pointed out, the protoplast (ectoplast) is impermeable to many sugars and salts of a low molecular weight and he, and others, assume that even·substances of low molecular weight are translocated through the plasmodesmata. This objection holds a forteriori if the mechanism of substances of a much higher molecular weight (proteins, enzymes, virus particles) has to be explained.

The cell wall is most probably an impenetrable barrier for high polymers of a colloidal nature so that the alternative possibility, i. e., movement through the plasmodesmata, is more likely. The transportation of such large molecules from cell to cell is highly probable, but, as experimental proof is almost completely lacking, the possible function of the plasmodesmata as channels of translocation is not an established fact. The most recent theories on the action of growth hormones in the plant assume that the outer layer of the protoplast plays an important role in this process. Translocation of these hormones through the protoplasmic connections rather than through the cell walls seems, therefore, plausible.

The few arguments, apart from the above-mentioned considerations, in favour of this function of the plasmodesmata which have been mentioned by Strasburger (1901) and have been repeated by others, are the following:—

(1) Protoplasmic connections are present between all living cells of any individual higher plant and their universal occurrence can only be reasonable explained by their having a common function in every type of living cell, which can only be transport of material from cell to cell.

(2) Plasmodesmata resemble the protoplasmic connections traversing the sieve-plates of sieve-tubes. The sieve-tubes are indubitably transport channels, so that the solid rods of protoplasm connecting the cytoplasts of adjacent sieve-tubes must play a part in translocation and, by inference, the true plasmodesmata connecting other types of living cells must have a similar function.

(3) Strasburger (1901) described an experiment in which *Mnium* plants were plasmolysed and subsequently thoroughly washed and allowed to become turgescent again. When these plants were kept under the most favourable conditions they did not survive the treatment very long, whereas untreated control plants thrived under the same conditions. Drastic plasmolysis causes disruption of most, if not all plasmodesmata and the lethal effect may be caused by isolation of the cells, so that certain essential substances produced somewhere in the plant cannot be transported to other places where they are needed. However, as Strasburger himself was the first to admit, drastic plasmolysis may cause other traumatic disturbances in the cytoplasts, so that this experiment is anything but conclusive.

(4) In germinating seeds with thick-walled endosperm cells, the storage food in the cell walls is mobilized by enzymatic breakdown. The disintegration of the cell walls proceeds along the plasmodesmata as well as

along the inner surface which suggests the penetration of enzymes into the plasmodesmata (GARDINER 1897: MÜHLDORF 1937).

Ad (1) STRASBURGER (1901) used this argument in conjunction with the fact that plasmodesmata are lacking in parts of the cell wall facing intercellular spaces and in the outer walls of epidermal cells, because they would have no function in these parts of the wall. It has already been mentioned (see p. 22) that plasmodesmata may occur in the outer walls of epidermal cells and that they may have a function, such as perception of stimuli (see below) or excretion. Excretion is translocation in one direction and instead of being an argument against the function of plasmodesmata as transport channels, the occurrence of plasmodesmata in outer walls provides an argument in favour of this function, considering that the waxy substances excreted can much more easily pass through plasmodesmata than through the cell wall proper.

Ad (2) CRAFTS (1939 b) refers to the protoplasmic connections in the sieve-tubes as "plasmodesmata," thereby implying that they are essentially the same in structure and in function (see also ESAU 1938, 1950).

Ad (3) GENKELJ and OKINA (1948) and OKINA (1948) quoted by SAMISH (1954) have found that the plasmodesmata in the cambium disappear when the cells become dormant. The cambial protoplasm shows physical and chemical changes which indicate that the cytoplasts isolate themselves during the period of dormancy. As soon as the cambium becomes active again the cytoplasts change back to their original condition and the protoplasmic connections are restored. Obviously the protoplasts penetrate the plasmodesmoducts from which they retracted when the period of dormancy commenced. This phenomenon does not seem to be in agreement with STRASBURGER's experiment with *Mnium,* but on the other hand it provides additional evidence for a transport function: in the dormant cambium very little activity takes place and the transport material is not required, so that the plasmodesmata need not function and are temporarily disrupted, but as soon as the cambium becomes active again, the influx of material must be resumed and the necessary transport channels are restored.

This temporary disruption of plasmodesmata can only occur in dormant tissues when most biological processes including cell wall growth have come to a standstill. The plasmodesmoducts remain intact. In active cambia and other growing or differentiating tissues, disruption of protoplasmic connections does not take place, except perhaps in the areas of the cell where intrusive growth takes place, and if disruption takes place, the plasmodesmoducts do not remain intact but are disrupted. Reformation in this case requires the formation of new plasmodesmoducts, which is unlikely, so that the observations of GENKELJ and OKINA on resting cells cannot be used as an argument in favour of re-establishement of protoplasmic connections in actively growing tissues as required by the concept of sliding growth (see p. 27).

Apart from STRASBURGER's arguments the spreading of some virus diseases has often been mentioned as additional evidence (ESAU 1938, 1948:

BENNETT 1940 and others, see ESAU's reviews). Virus diseases often spread from cell to cell from the original place of infection (for example, the spot where a virus-carrying insect has stung) to healthy and intact cells. As a virus disease is always associated with the presence of virus particles which are completely or at least partly proteinaceous and have a very high molecular weight, the only conceivable pathway is through the plasmodesmata.

The observations of SCOTT (1946) on the development of cystoliths and of SCOTT et al. (1948) on differentiating crystal cells of *Citrus* indicate that there is a distinct relation between the location of groups of plasmodesmata and the strands of protoplasm which run from the wall to the centre of the cell. In addition, there is a definite relation between the position of these strands of protoplasm and the formation of certain cell constituents. During the development of the cystoliths in *Ficus* and *Beloperone*, for instance, several strands of protoplasm can be observed radiating from the sheath of protoplasm surrounding the young cystolith and joining the outer sheath of protoplasm lying against the cell wall opposite groups of plasmodesmata. The characteristic protuberances of the cystoliths are laid down within these strands only. The ultimate characteristic outline of a cystolith—warty. papillate or spiny—is, therefore. determined by the position and direction of the strands of cytoplasm, which, in turn, are dependent on the position and distribution of the plasmodesmata in the cell wall. Similarly, the position of the calcium oxalate crystals in the ideoblasts of the *Citrus* leaf is determined by the position of cytoplasm strands and groups of plasmodesmata in the developing idioblast. These observations certainly point to an influx of material through the plasmodesmata via the corresponding strands of protoplasm to the places where biosynthesis takes place.

SCOTT et al. also found that there is a connection between the presence of plasmodesmata and the orientation of new cell walls in the tissues of *Citrus*, so that the plasmodesmata may be directly concerned in controlling cell shape and wall area. In all cells they examined the new walls are anchored to the walls of the mother cells in plasmodesmatal areas, so that, again, there is a relation between the position of the plasmodesmata and the areas of biosynthesis. WARDROP (1954) has suggested that a certain type of cell wall growth may occur in plasmodesmatal areas. If a plasmodesmoduct is considerably enlarged by surface growth of the wall and later divided into two or more smaller ones by traversing strands of cell wall substance, so that out of the original plasmodesmata two or more daughter plasmodesmata are formed (see p. 26). the plasmodesmatal areas may well be the focal points of this type of cell wall growth. If this is the case, this provides another example of the relation between plasmodesmata and areas of biosynthesis.

All these arguments in favour of the transport function of the plasmodesmata are not opposed by arguments against it. JUNGERS's (1930) objection that plasmodesmata, if they are protoplasmic in nature, cannot occur in the outer walls of epidermal cells. "where they would have no function," which same argument was used by STRASBURGER (1901) in a different connection, does not offer any difficulty, because these plasmodesmata may act as channels for excretion of waxy cuticular material.

Apart from the role they play in the transport of material, several other or alternative functions of the plasmodesmata have been suggested, namely, perception and conduction of stimuli, a function in the rapid mobilisation of storage food present in certain types of cell walls (bony endosperm) and excretion. The possible localisation of a certain type of cell wall growth in plasmodesmatal areas (Wardrop 1954) has been discussed above, because this relation may be connected with the general transport function. The formation of the protoplasmic connections (often erroneously referred to as "slime-strings," see Esau 1938, 1951) in the sieve-plates of sieve-tubes out of plasmodesmata can hardly be ranked as a function, because the role played by the plasmodesmata is probably only a passive one. The protoplasmic connections in question are only enlarged plasmodesmata and the enlargement can easily be accounted for by the considerable surface growth of developing sieve-plates.

Perception and conduction of stimuli was first suggested as a function by Gardiner (1882 a, 1882 b). He observed plasmodesmata in the "sensitive" part of the pulvinus of *Mimosa* and in other sensitive organs such as the "trap" leaves of *Dionaea*. However, there are about as many plasmodesmata in the other parts of the pulvinus of *Mimosa*. It is difficult to prove this function of the plasmodesmata experimentally and subsequent publications dealing with this subject (Strasburger 1901; Haberlandt 1924, 1928, Jacob 1944—1946) have not yet contributed any conclusive experimental evidence [1]. Strasburger carried out an experiment with young roots similar to the one he performed with *Mnium*. Positively geotropic roots, after plasmolysis and subsequent deplasmolysis, did not show the normal geotropic curvature when placed in a horizontal position, but bent in many directions, even upward. This experiment might be interpreted as a loss of perception of the geotropic stimulus by the severing of the stimuli-conducting plasmodesmata. Strasburger himself pointed out that this experiment is not conclusive, because additional traumatic effects caused by plasmolysis and deplasmolysis cannot be precluded.

Haberlandt assumed the perception and conduction of stimuli to be "one of the most fundamental properties of protoplasm," but indeed only very few observations point in that direction. A paper by Townsend (1897, quoted by Haberlandt) describes how in the protonema of mosses, in filaments and trichomes the nucleus in one cell can induce an isolated non-nucleated mass of protoplasm, contained in a neighbouring cell, to surround itself with a cell membrane, if the two protoplasmic bodies are connected by protoplasmic strands, whereas an isolated non-nucleated mass of protoplasm is not able to do so. The influence of the nucleus on cell wall formation, which is a well-known fact, is thus transmitted from one cell to the other through protoplasmic connections.

---

[1] See, however, under "Addenda."

However, there is no satisfactory alternative explanation of the rapid, sometimes almost instantaneous reactions caused by certain stimuli which resemble the perception and conduction of stimuli in the animal body, which latter functions, we know, are performed by the animal protoplasm. The sensitive leaves of *Mimosa* and other plants, the "trap" leaves of *Dionaea*, the tentacles of *Drosera*, the bladders of *Utricularia* are good examples of organs showing such reactions. The analogy is indeed tempting and it is, therefore, very likely that perception and conduction of stimuli are performed by the protoplasm in the vegetable kingdom as well. If this is the case, the plasmodesmata are the necessary links between the protoplasts involved in the conduction of a stimulus.

Schumacher and Halbsguth (1939) ascribed the sensitivity of tendrils to obstacles by the perception of tactile stimuli by the plasmodesmata in the outer walls of the epidermal cells and in a more recent paper Schumacher (1942) suggested a general stimulus percepting capacity of epidermal cells through the outer plasmodesmata.

It has already been mentioned that the disintegration of cell walls containing storage food often proceeds along the plasmodesmata. It has been suggested that the plasmodesmata in these walls are an important factor in the rapid mobilisation of the cell wall substances by increasing the surface of the protoplasts. This is given as an explanation of the presence of two types of plasmodesmata, viz., pit plasmodesmata and wall plasmodesmata, in the walls of the endosperm cells of *Phytelephas macrocarpa* (see Fig. 10), the pit plasmodesmata acting as true protoplasmic connections and having all their normal functions and the wall plasmodesmata only functioning in germinating seeds by accelerating the enzymatic breakdown through the increase of the exposed surface (Strasburger 1901). The presence of two types of plasmodesmata in one cell is probably exceptional and, therefore, a case of specialisation. The suggested function of the wall plasmodesmata in "bony" endosperms is, therefore, not a general function of the plasmodesmata. It is also a "passive" function and not fundamentally different from the general function of transport, because for the enzymatic disintegration the responsible enzymes must migrate from the cytoplasts into the plasmodesmata. Schumacher (1942) was the first to suggest an excretory function of the plasmodesmata in outer walls of epidermal cells and indeed this explanation of the formation of the waxy cuticular excretions is much more plausible than excretion through the outer walls themselves which are often thick and (partly) cutinized or suberized. Excretion is only a form of transport, so that this function is nothing but a modification of the general transport function of the plasmodesmata.

Summarising, it can be concluded that the main and general function of the plasmodesmata is translocation of material from cell to cell, which is often apparent as a relation between the presence of plasmodesmata and areas of biosynthesis, while a possible second function may be the perception and conduction of stimuli.

9. Previous Reviews

Previous reviews on various aspects of the plasmodesmata in which more details are given than in the present paper, can be found in the following papers and textbooks:—

General reviews of the literature on plasmodesmata:
> Strasburger 1901: Meyer 1920: Lundegårdh 1922: Mühldorf 1937: A. D. J. Meeuse 1941 [2].

On the techniques of demonstrating plasmodesmata:
> Meyer 1897; Strasburger 1901. and Strasburger's "Das Botanische Praktikum." 7th (1923) and later editions: Piskernik 1914: Zimmermann and Schneider 1922: Mühldorf 1937.

On the occurrence of plasmodesmata in the vegetable kingdom:
> Strasburger 1901: Mühldorf 1937: in endosperm: Quisumbing 1925.

On the protoplasmic nature of plasmodesmata:
> Mühldorf 1937: A. D. J. Meeuse 1940.

On the functions of plasmodesmata:
> Strasburger 1901: Meyer 1920: Curtis 1935: Mühldorf 1937: A. D. J. Meeuse 1940. 1941.

Bibliography

Anonymous, 1941: Note on the Use of the Term "Plasmodesmata." Bot. Rev. 7, 333.
Bálint, S.. 1910: Botanische mikrotechnische Notizen. Z. Mikrosk. 27. 243—247.
Bannon, M. W.. and B. E. Whalley. 1950: The Elongation of Fusiform Cambial Cells in *Chamaecyparis*. Canad. J. Res. C 28. 341—355.
Baranetzki, J.. 1886: Epaississement des parois des éléments parenchymateux. Ann. Sci. Nat.. Bot.. 7me sér.. 4. 135—301.
Bennett, C. W., 1940 a: The Relation of Viruses to Plant Tissues. Bot. Rev. 6, 427—473.
— 1940 b: Acquisition and Transmission of Virus by Dodder (*Cuscuta subinclusa*). Phytopath. 30. 2.
— 1944: Studies of Dodder Transmission of Plant Viruses. Phytopath. 34, 905—932.
Brodie, H. J.. 1942: Protoplasmic Continuity in the Powdery Mildew, *Erisyphe graminis* DC. Can. J. Res. 20, 595—601.
Buder, J.. 1911: Studien an *Laburnum Adami*. II. Z. Abstamm.lehre 5. 209—284.
Buller, A. H. R.. 1933: The Translocation of Protoplasm through the Septate Mycelium of Certain Pyrenomycetes, Discomycetes and Hymenomycetes, in: Researches in Fungi 5, 75—167. London, New York, Toronto.
Chamberlain, C. J., 1932: Methods in Plant Histology. 5th Ed. Chicago and London.
Crafts, A. S., 1931: A Technic for Demonstrating Plasmodesmata. Stain Technol. 6. 127—128.
— 1939 a: The Relation between Structure and Function of the Phloem. Amer. J. Bot. 26. 172—177.

[2] The paper published in the "Botanical Review" contained several errors which crept in because war conditions prevented any proof-reading by the writer, for which neither the Editor of the "Botanical Review" nor the author can be blamed. When normal relations were restored in 1945, it was too late to publish any corrections effectively. If the text of the 1941 review seems to be at variance with the present treatment, it is to be ascribed to the errors and omissions which unfortunately sometimes changed the meaning of the original manuscript and should not be regarded as a change in views or opinions since 1941.

CRAFTS, A. S., 1939 b: Protoplasmic Properties of Sieve-Tubes. Protoplasma 33, 389—398.
— 1939 c: Movement of Viruses, Auxins and Chemical Indicators in Plants. Bot. Rev. 5, 471—504.
— 1951: Movement of Assimilates, Viruses, Growth Regulators, and Chemical Indicators in Plants. Bot. Rev. 17, 203—284.
CURTIS, O. F., 1935: The Translocation of Solutes in Plants. New York and London.
DIPPEL, L., 1898: Das Mikroskop und seine Anwendung. Part II. Braunschweig.
DRAKE, C. J., N. J. MARTIN, and H. D. TATE, 1934: A Suggested Relationship between the Protoplasmic Bridges and Virus Diseases in Plants. Science 80, 146.
EAMES, A. J., and L. H. MACDANIELS, 1947: An Introduction to Plant Anatomy. 2nd Ed. New York and London.
ESAU, K., 1938: Some Anatomical Aspects of Plant Virus Disease Problems. Bot. Rev. 4, 548—589.
— 1939: Development and Structure of the Phloem Tissue. Bot. Rev. 5, 373—432.
— 1948: Some Anatomical Aspects of Plant Virus Disease Problems. II. Bot. Rev. 14, 413—449.
— 1950: Development and Structure of the Phloem Tissue. II. Bot. Rev. 16, 67—114.
FREY-WYSSLING, A., 1948: Submicroscopic Morphology of Protoplasm and its Derivations. New York.
GARDINER, W., 1882 a: On the Continuity of Protoplasm in the Motile Organs of Leaves. Proc. roy. Soc.. Lond. 34, 272—274.
— 1882 b: Note on Open Communications between Cells in the Pulvinus of *Mimosa pudica*. Quart. J. microsc. Sci. 22, 365—366.
— 1883 a: On the Continuity of the Protoplasm through the Walls of Vegetable Cells. Arb. Bot. Inst. Würzburg 3, 52—87.
— 1883 b: The Continuity of the Protoplasm through the Walls of Vegetable Cells. Phil. Trans. roy. Soc.. Lond., Part III, 174, 817—863.
— 1883 c: Some Recent Researches on the Continuity of Protoplasm through the Walls of Vegetable Cells. Quart. J. microsc. Sci. 23, 302—319.
— 1897: The Histology of the Cell Wall. with Special Reference to the Mode of Connection of Cells. Proc. roy. Soc.. Lond. 62, 100—112.
— 1898: Methods for the Demonstration of "Connecting Threads" in the Cell Wall. Proc. Cambridge Phil. Soc. 9, 504—508.
— 1900: The Genesis and Development of the Walls and Connecting Threads of the Plant. Proc. roy. Soc., Lond. 66, 186—188.
— 1907: On the Mode of Formation of the Initial Cell Wall, the Genesis and Neogenesis of the Connecting Threads, and the Methods of Connection of Living Tissues. Proc. Cambridge Phil. Soc. 14, 209—210.
— and A. W. HILL. 1901: The Histology of the Cell Wall, with Special Reference to the Mode of Connection of Cells. I. The Distribution and Character of "Connecting Threads" in the Tissues of *Pinus sylvestris* and Other Allied Species. Phil. Trans. roy. Soc., Lond. B 194, 83—125.
GENKELJ, P. A., and E. Z. OKINA, 1948: C. r. Acad. Sci. U. S. S. R. 62, 409—412.
GICKLHORN, J., 1947: Botanische Beobachtungen mit neuen einfachen Lehrversuchen. Öst. Bot. Z. 94, 136—151.
GOROSCHANKIN. J.. 1883: Zur Kenntnis der Corpuscula bei den Gymnospermen. Bot. Ztg. 41, 825—831.
GÜNTHER, O.. 1927: Beiträge zur Kenntnis der Entwicklung des Getreide-Endosperms und seines Verhaltens bei der Keimung. Bot. Arch. 18, 209—319.
HABERLANDT, G.. 1924: Physiologische Pflanzenanatomie. 6th Ed. Leipzig.
— 1928: Physiological Plant Anatomy (English Translation). London.
HECHT. K., 1912: Studien über den Vorgang der Plasmolyse. Cohns Beitr. Biol. Pflanzen 11. 137—192.
HILL, A. W.. 1901: The Histology of the Sieve-Tubes of *Pinus*. Ann. Bot. 15. 575—611.
— 1903: Notes on the Histology of the Sieve-Tubes of Certain Angiosperms. Ann. Bot. 17, 265—267.
— 1908: The Histology of the Sieve-Tubes of Angiosperms. Ann. Bot. 22, 245—290.
HILLHOUSE, W.. 1883: Beobachtungen über den interzellularen Zusammenhang von Protoplasten. Bot. Cbl. 14, 89—94, 121—124.

Hume, M., 1913: On the Presence of Connecting Threads in Graft Hybrids. New Phytol. **12**, 216—222.

Jacob, K. T., 1944—1946: The Structure of the Pulvinus of *Mimosa pudica* L. in Relation to the Mechanism of the Movement. Trans. Bose Res. Inst. **16**. 11—14.

Johansen, D. A., 1940: Plant Microtechnique. New York and London.

Jost, L., 1901: Über einige Eigentümlichkeiten des Cambiums der Bäume. Bot. Ztg. **59**, 1—24.

Jungers, V., 1930: Recherches sur les plasmodesmes chez les végétaux. La Cellule **40**, 7—82.

— 1933: Recherches sur les plasmodesmes chez les végétaux. II. Les synapses des algues rouges. La Cellule **42**, 7—28.

Kerr, T., and I. W. Bailey, 1934: The Cambium and its Derivative Tissues. X. Structure, Optical Properties and Chemical Composition of the So-Called Middle Lamella. J. Arn. Arb. **15**, 327—349.

Kienitz-Gerloff, F., 1891: Die Protoplasmaverbindungen zwischen benachbarten Gewebselementen in der Pflanze. Bot. Ztg. **49**, 1—10. 17—26, 32—46, 48—60, 64—74.

— 1902: Neue Studien über Plasmodesmen. Ber. dtsch. bot. Ges. **20**. 93—117.

Kohl, F. G., 1891: Protoplasmaverbindungen bei den Algen. Ber. dtsch. bot. Ges. **9**. 9—17.

— 1897: Die Protoplasmaverbindungen der Spaltöffnungsschließzellen und der Moosblattzellen. Bot. Cbl. **72**, 257—265.

— 1900: Dimorphismus der Plasmaverbindungen. Ber. dtsch. bot. Ges. **18**, 364—372.

— 1902: Beiträge zur Kenntnis der Plasmaverbindungen in den Pflanzen. Beih. Bot. Zbl. **12**. 343—350.

Krabbe, G., 1886: Das gleitende Wachstum bei der Gewebebildung der Gefäßpflanzen. Berlin.

Kuhla, F., 1900: Die Plasmaverbindungen bei *Viscum album*. Bot. Ztg. **58**, 29—58.

Küster, E., 1933: Die Plasmodesmen von *Codium*. Protoplasma **19**, 335—349.

— 1951: Die Pflanzenzelle. 2. Aufl. Jena.

Livingston, L. G., 1933: The Nature and Distribution of Plasmodesmata in the Tobacco Plant. Amer. J. Bot. **32**, 75—87.

— and I. W. Bailey. 1946: The Demonstration of Unaltered Plasmodesmata in the Cambium of *Pinus Strobus* and Ray Cells of *Sequoia sempervirens*. (Abstr.) Amer. J. Bot. **33**, 824.

Lundegårdh, H., 1922: Zelle und Zytoplasma. in: Linsbauer. Handbuch der Pflanzenanatomie. I. Abt., 1. Teil: Zytologie. Berlin.

Mangenot, G., 1924: Sur les communications protoplasmatiques dans l'appareil sporogène de quelques Floridées. Rev. Algol. **4**. 376.

— 1926: Communications intercellulaires et synapses. Note d'histologie végétale. Bull. Histol. appl. etc. **3**, 142—160.

Meeuse, A. D. J., 1940: On the Nature of Plasmodesmata (Sammelreferat). Protoplasma **35**. 143—151.

— 1941: Plasmodesmata. Bot. Rev. **7**, 249—262.

— 1942: A Study of Intercellular Relationships Among Vegetable Cells. with Special Reference to "Sliding Growth" and to Cell Shape. Rec. Trav. Bot. Néerl. **38**, 18—140.

Meeuse, B. J. D., 1938: Some Observations on Special Structures in the Cell Walls of Plants. Proc. Kon. Akad. Wet. Amsterdam **41**, 965—975.

— 1941: Einige Bemerkungen zu R. Schaede's Mitteilung: Über den Feinbau von Parenchymmembranen. Ber. dtsch. bot. Ges. **59**. 122—124.

Mericle, L. W., and W. G. Whaley, 1953: Cell Wall Structure in Apical Meristems. Bot. Gaz. **114**, 382—392.

Meyer, A., 1896 a: Das Irrtümliche der Angaben über das Vorkommen dicker Plasmaverbindungen zwischen den Parenchymzellen einiger Filicineen und Angiospermen. Ber. dtsch. bot. Ges. **14**, 154—158.

— 1896 b: Das Vorkommen von Plasmaverbindungen bei den Pilzen. Ber. dtsch. bot. Ges. **14**. 280—281.

— 1896 c: Die Plasmaverbindungen und die Membran von *Volvox globator, aureus* und *tertius*. mit Rücksicht auf die tierischen Zellen. Bot. Ztg. **54**, 187—217.

Meyer, A., 1897: Über die Methoden zum Nachweis der Plasmaverbindungen. Ber. dtsch. bot. Ges. **15**, 166—177.
— 1914: Notiz über die Bedeutung der Plasmaverbindungen für die Pfropfbastarde. Ber. dtsch. bot. Ges. **32**, 447—453.
— 1920: Morphologische und physiologische Analyse der Zelle. I. (519—543. Plasmabrücken). Jena.
Miehe, A., 1901: Über die Wanderungen des pflanzlichen Zellkernes. Flora **88**, 105—142.
Moore, Sp. Le M., 1886: Studies in Vegetable Biology. J. Linn. Soc., Bot. **21**, 595—621.
Mühldorf, A., 1933: Über die Plasmodesmen in den Endospermzellen der Umbelliferenfrüchte. Bul. Fac. Stiinte, Cernăuţi **7**, 196—234.
— 1937: Das plasmatische Wesen der pflanzlichen Zellbrücken. Beih. Bot. Cbl. **56** (A), 171—364.
Mühlethaler, K., 1950: Electron Microscopy of Developing Cell Walls. Biochem. Biophys. Acta **5**, 1—9.
Münch, E., 1930: Die Stoffbewegungen in der Pflanze. Jena.
O'Kelly, J. C., and P. H. Carr, 1954: An Electron Micrographic Study of the Cell Walls of Elongating Cotton Fibers, Root Hairs, and Pollen Tubes. Amer. J. Bot. **41**, 261—264.
Okina, E. Z., 1948: C. r. Acad. Sci. U. S. S. R. **62**, 705—708.
Pfeiffer-Wellheim, F.. 1924: Über ein Silberimprägnierungsverfahren zur Darstellung der Plasmodesmen in einigen Endospermgeweben und bei Moosblättchen. Z. Mikr. **41**. 325—334.
Piskernik, A.. 1914: Die Plasmaverbindungen bei Moosen. Öst. Bot. Z. **64**, 107—120.
Poirault, G.. 1893: Recherches anatomiques sur les cryptogames vasculaires. Ann. Sci. Nat.. 7me sér., Bot., **18**. 113—256.
Priestley, J. H.. 1931: The Physiology of Cambial Activity. II. The Concept of Sliding Growth. New Phytol. **29**, 96—140.
Quisumbing, E., 1925: Continuity of Protoplasm in Endosperm Cells of *Diospyros*. Bot. Gaz. **80**, 439—449.
Roelofsen, P. A., and A. L. Houwink, 1951: Cell Wall Structure of Staminal Hairs of *Tradescantia virginica* and its Relation with Growth. Protoplasma **40**, 1—22.
Russow, E., 1883: Über die Perforation der Zellwand und den Zusammenhang der Protoplasmakörper benachbarter Zellen. (S.ber. Naturf. Ges. Dorpat **6**. 562).
Salmon, J., 1946—1947: Différenciation des tubes criblés chez les Angiospermes : Recherches cytologiques. Rev. Cytol. Cytophysiol. Vég. **9**. 53—168.
Samish, R. M., 1954: Dormancy in Woody Plants. Ann. Rev. Pl. Physiol. **5**. 183—204.
Schaarschmidt, J.. 1884: Kommunikation von Protoplasten und das Vorkommen interzellulären Protoplasmas. Z. Mikr. **1**. 301—302.
Schumacher, W., 1930: Untersuchungen über die Lokalisation der Stoffwanderung in den Leitbündeln der höheren Pflanzen. Jb. wiss. Bot. **73**, 770—823.
— 1942: Über plasmodesmenartige Strukturen in Epidermisaußenwänden. Jb. wiss. Bot. **90**, 530—545.
— and W. Halbguth. 1939: Über den Anschluß einiger höherer Parasiten an die Siebröhren der Wirtspflanzen. Ein Beitrag zum Plasmodesmenproblem. Jb. wiss. Bot. **87**. 324—355.
Schweidler J. H., 1910: Über traumatogene Zellsaft- und Kernüberschritte bei *Moricandia arvensis* DC. Jb. wiss. Bot. **48**, 549—590.
Scott. F. M., 1946: Cystoliths and Plasmodesmata in *Beloperone. Ficus* and *Boehmeria*. Bot. Gaz. **107**. 372—377.
— 1949: Plasmodesmata in Xylem Vessels. Bot. Gaz. **110**, 492—495.
Scott, F. M., M. S. Schroeder, and F. M. Turrell, 1948: Development. Cell Shape. Suberization of Internal Surface, and Abscission in the Leaf of the Valencia Orange, *Citrus sinensis*. Bot. Gaz. **109**, 381—411.
Sharp. L. W., 1926: An Introduction to Cytology. New York.
Sheffield, F. M. L., 1936: The Role of Plasmodesmata in the Translocation of Virus. Ann. Appl. Biol. **23**, 506—508.
Sinnott. E. W., and R. Bloch, 1939: Changes in Intercellular Relationships during the Growth and Differentiation of Living Plant Tissues. Amer. J. Bot. **26**. 625—633.

Smith, K. M., 1951: Recent Advances in the Study of Plant Viruses. 2nd Ed. London.

Stomps, Th. J., 1919: Gigas-Mutation. Z. Abstamm.lehre **21**, 77—79.

Stopes, M. C., and K. Fujii, 1906: The Nutritive Relations of the Surrounding Tissues to the Archegonia in Gymnosperms. Beih. Bot. Cbl. **20**, 1—24.

Strasburger, E., 1882: Über den Bau und das Wachstum der Zellhäute. Jena.

— 1901: Über Plasmaverbindungen pflanzlicher Zellen. Jb. wiss. Bot. **36**, 493—601.

— 1923: Das botanische Praktikum. 7th Ed. (bearbeitet von M. Koernicke). Jena.

Studnička, F. R., 1929: Die Organisation der lebendigen Masse, in: W. Möllendorf, Handbuch der mikroskopischen Anatomie des Menschen, Bd. I. 1. Teil B. 468—469. Berlin.

Sykes, M., 1908: Anatomy and Histology of *Macrocystis pyrifera* and *Laminaria saccharina*. Ann. Bot. **22**, 291—325.

Tangl, E., 1879: Über offene Communicationen zwischen den Zellen des Endosperms einiger Samen. Jb. wiss. Bot. **12**, 170—190.

— 1884: Zur Lehre von der Continuität des Protoplasmas im Pflanzengewebe. S.ber. Akad. Wiss. Wien **90** (Abt. I), 10—38.

— 1885: Studien über das Endosperm einiger Gramineen. S.ber. Akad. Wiss. Wien **92** (Abt. I), 72—100.

Terletzki, P., 1884: Anatomie der Vegetationsorgane von *Struthiopteris germanica* und *Pteris aquilina*. Jb. wiss. Bot. **15**, 452—501.

Thoday (Sykes), M. G., 1911: On the Histological Relation between *Cuscuta* and its Host. Ann. Bot. **25**, 655—682.

Tischler, G., 1921/1922: Allgemeine Pflanzenkaryologie, in: K. Linsbauer, Handbuch der Pflanzenanatomie, Allgemeiner Teil, Cytologie, Bd. II, 176—179. Berlin.

Tröndle, A., 1913: Eine neue Methode zur Darstellung der Plasmodesmen. Verh. Schweiz. Naturf. Ges. **44**, 213—217.

Tunmann, O., und L. Rosenthaler, 1931: Pflanzenmikrochemie. Berlin.

Tupper-Carey, R., and J. H. Priestley, 1924: The Cell Wall in the Radicle of *Vicia Faba* and the Shape of Meristematic Cells. New Phytol. **23**, 156—158.

Wardrop, A. B., 1954: The Mechanism of Surface Growth Involved in the Differentiation of Fibres and Tracheids. Austral. J. Bot. **2**, 165—175.

— and H. E. Dadswell, 1952: The Nature of Reaction Wood. III. Cell Division and Cell Wall Formation in Conifer Stems. Austral. J. Sci. Res. B **5**, 385—398.

West C., and A. E. Lechmere, 1915: On Chromatin Extrusion in Pollen Mother Cells of *Lilium candidum*, Linn. Ann. Bot. **29**, 285—291.

Wieler, A., 1943: Ein Beitrag zur Plasmodesmenfrage. Bot. Arch. (Leipzig) **44**. 34—51.

Wulff, Th., 1905: Plasmodesmenstudien. Ark. Bot. **5**, 1—20.

— 1906: Plasmodesmenstudien. Öst. Bot. Z. **56**, 1—8, 60—69.

Zimmermann, A., 1893: Beiträge zur Morphologie und Physiologie der Pflanzenzelle. I. Tübingen.

— und H. Schneider, 1922: Die botanische Mikrotechnik. Jena.

Addendum

After the manuscript had been submitted for publication, a few more papers came to hand or were seen as abstracts.

Three papers appeared, apparently independently, on the same subject, viz., the development of pits in stretching meristematic cell walls, already discussed on p. 25.

Scott and Lewis (1953), and Scott, Hammer, Baker, and Bowler (1956) confirmed the studies of Baranetzki (1886). The authors also confirm that plasmodesmata are present in the walls of meristematic cells. They suggest that the plasmodesmata are retracted from cell wall areas adjacent to developing intercellular spaces.

Ziegenspeck (1953) used a dichroitic staining method (mainly with benzoazurine) which stains the cellulosic walls but leaves the middle lamella and the plasmodesmata unstained. The "plasmodesmata fields" (= primary pit-fields) in the meristematic cells are divided into smaller areas which develop into pit membranes. This paper agrees satisfactorily with the findings of other workers such as SCOTT and LEWIS (1953) and MERICLE and WHALEY (1953).

LAMBERTZ (1954) studied the plasmodesmata in the outer wall of epidermal cells. He reported that only one method of fixation can be used, viz., Gilsons's alcohol acetic acid nitric acid mercuric chloride mixture, preferable in the following modification: alcohol (40 per cent): 10 ml.; formalin (40 per cent): 5 ml.; HNO_3 (65 per cent): 1 ml.; $HgCl_2$ to saturation (2–3 g.), eventually with the addition of oxalic acid. Staining was done with a modified pyoctanin staining method and the sections were ultimately mounted in glycerol. Plasmodesmata-like structures were found in the outer walls of epidermal cells of many species belonging to a large number of plant families. Negative results were only reported in cases where the cuticle is very thick or the outer wall so thin that observation was difficult. The observed structures often remain attached to the protoplast by Hecht's "connecting threads" when the epidermal cells have been plasmolysed. An additional argument in favour of their protoplasmic nature is the discovery of a daily rhythm in the number of these structures per unit of surface area. They become considerably less numerous or disappear altogether in the mid-day period between 10 and 14 hrs.. and increase in number in the period from 14 hrs. to 10 hrs., with a peak between 17 and 4 hrs. There is also a correlation between the number of these structures and the amount of sunshine—there are less per unit of surface area when it rains, but many more at the end of a bright sunny day. Everything else, such as duration of fixation and staining, being equal, LAMBERTZ concluded that the fluctuation in their numbers is related to the functions of the plasmodesmata-like structures in outer walls such as transpiration and excretion, i. e., vital phenomena, and that these plasmodesmata are retracted when their activity is lowered and protrude again when the activity increases. He even likens them to the pseudopodia of certain animal protoplasts such as those of the Rhizopoda. The additional arguments mentioned by LAMBERTZ in favour of the protoplasmic nature of the structures under discussion are the same as those supplied by previous authors for plasmodesmata in inner cells walls: their gradual disappearance just before the leaves are being shed in autumn or when leaves are artificially caused gradually to die off, their disappearance after plasmolysis and deplasmolysis. LAMBERTZ concludes that such processes as absorption of substances, excretion, cuticular transpiration, perception of stimuli, and even the growth of the outer cell wall. should be reconsidered in the light of the discovery of outer plasmodesmata and their daily or seasonal rhythm. In this connection LAMBERTZ points out that a "rhythm" need not necessarily be confined to the plasmodesmata in the outer walls, but may also be of common occurrence among the plasmodesmata connecting protoplasts. the fluctuations coinciding with an increase of certain activities of the protoplasts. LAMBERTZ also suggests in this connection that the explanation of the often "erratic" or inconsistent results obtained in studies of plasmodesmata may well be that all plasmodesmata show a fluctuation in number, an explanation already given by LAUBERT as early as 1897. As an example, LAMBERTZ mentions the disruption of protoplasmic continuity during dormancy, citing a lecture delivered by HENCKEL (1950). As we have seen (p. 30), this phenomenon has been studied by others.

LAMBERTZ reports that the results of tests for oxidase in the plasmodesmata in outer walls were negative, but he assumes that they contain "lipoids," referring to a paper by WEIS (1926) who demonstrated these substances in Hecht's connecting threads. LAMBERTZ does not refer to the papers by SCOTT (1949) and SCOTT et al. (1948) and apparently did not know them, but he often cites SCHUMACHER's (1942) publication on plasmodesmata in outer walls, of which his studies are an extension and continuation.

It should be borne in mind that the fixing and staining techniques employed by LAMBERTZ do not preclude the formation of artefacts, so that his observations must still be accepted with some diffidence. His statement that the *only* method for demonstrating the plasmodesmata in outer walls is after fixation in Gilson's mixture is not borne out by the results obtained by SCOTT and SCOTT et al. (1948) with the simple and more convincing iodine-sulphuric acid method.

TORIYAMA (1951, 1955), in a series of papers, described experiments on the action of the pulvinus in *Mimosa pudica* and other "sensitive" plants, with extensive bibliographies on the subject of "sensitive" organs in plants. His experiments indicate that rapid translocation of substances occurs in the pulvinus when the latter is stimulated, which requires transport through the plasmodesmata. A d i r e c t proof of translocation has not been found.

Note during correction: Two important contributions by STRUGGER (1957 a, 1957 b) add very convincing evidence as regards the protoplasmic nature of the plasmodesmata. STRUGGER combined the new ultra-thin sectioning of plant material for electron microscopy with a contrasting method based on a selective impregnation of plant tissues with uranyl acetate (STRUGGER 1956). The uranyl acetate is strongly absorbed by the protoplasm and not or hardly so by the cell wall substances. The heavy uranium atoms form a barrier for the beam of electrons in the electron microscope, with the result, that the protoplasm in the ultra-thin sections appears dark in the electron microphotographs whereas the cell walls appear much lighter. These micro-photographs clearly show dark structures continuous with the protoplasts and traversing the cell wall (see Fig. 13). These structures are situated in channels or pores in the cell wall and represent without a doubt the plasmodesmata. STRUGGER (1957 a) mentions that both in the protoplast (hyaloplast) and in the plasmodesmata a submicroscopic differentiation can be observed, consisting of spirally contorted short filamentous bodies which absorb the uranyl acetate more strongly and lie in an almost hyaline structureless ground substance. It is irrelevant in this connection whether these filamentous elements ("cytonemata" of STRUGGER) are artefacts or not, because they occur in both the protoplast proper and in the plasmodesmata, indicating that the protoplast and the plasmodesmata are continuous and very similar if not identical in texture.

In the first publication (1957 a) STRUGGER recorded a diameter of 300–400 Å for the plasmodesmata in the root meristem of *Allium cepa*, but in his subsequent publication he corrected this. pointing out that the plasmodesmata had obviously shrunk as a result of fixation and inherent shrinkage (see Fig. 14). Taking the diameter of the plasmodesmoducts (which STRUGGER calls "Membranporen" or membrane pores) as more reliable and allowing for shrinkage of the cell wall. he arrived at a diameter of 1000–2000 Å *in vivo*, which figure agrees very well with other estimates such as those of

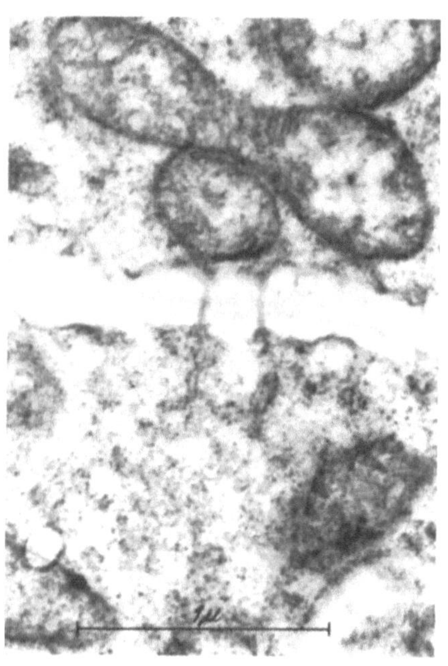

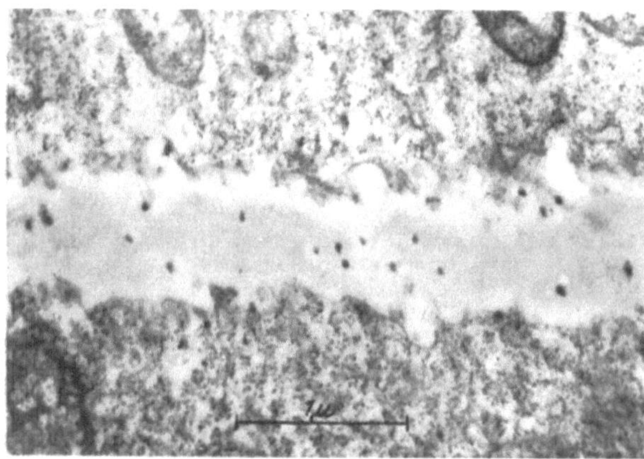

Fig. 13. *a) Allium cepa*, root meristem. Two plasmodesmata are clearly visible in a cross-section of a wall. Magnif. 32,700. *b)* Same as *a* but cell wall sectioned obliquely so that the plasmodesmata appear as dark dots in the wall. Magnif. 21,100.

(After STRUGGER 1957a. by courtesy of Editors and Publishers of "Protoplasma.")

ROELOFSEN and HOUWINK 1951) for plasmodemata in hairs of *Tradescantia*. STRUGGER (1957 a) also mentions that other workers had ready seen the pores in cell walls in electron microphotographs of surface views of whole cell walls. He cites a paper by HUBER and KOLBE (1948), but not that by ROELOFSEN and HOUWINK. (It is sincidentally. quite likely that plasmodesmoducts have been observed in other electron microscope studies of cell walls carried out during the last 10 or 15 years).

Another interesting point is that Strugger was able accurately to count the number of plasmodesmata in the cell walls of the onion root meristem. He found 6 7 plasmodesmata per square micron of wall surface and he estimated that a meristem cell of approximately cubical shape having sides 20 μ long contains 10,000—20,000 plasmodesmata in its walls. This is considerably higher than Kuhla's (1900) figure for cambium cells of *Viscum album,* viz.. 10—38 per 100 μ^2.

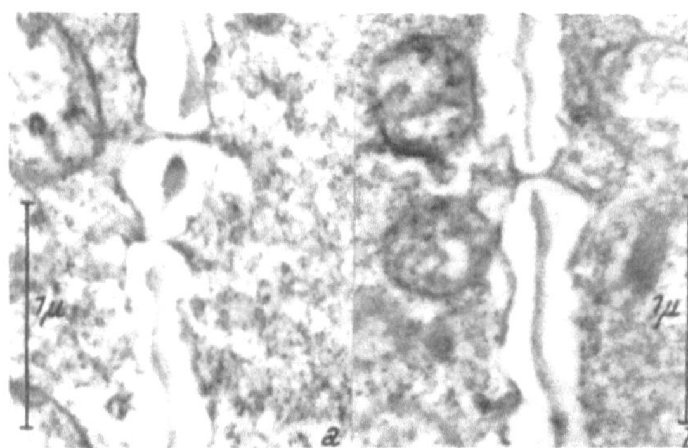

Fig. 14. As Fig. 13. Plasmodesmata clearly visible in cross-sections of the cell wall. The dark longitudinal median zone in the cell wall apparently represents the middle lamella, the places where this zone is interrupted indicate the width of the plasmodesmoducts. The plasmodesmata appear to have shrunk, as they are considerably thinner than the diameter of the plasmodesmoducts. The diameter of the latter is a more accurate approximation of the cross-sectional area of the plasmodesmata *in vivo.* Magnif. 23,800.

(After Strugger 1957 b, courtesy of Editors and Publishers of "Protoplasma.")

Noteworthy is the observation by Strugger that he did not see any plasmodesmata in the walls adjoining the thickened angles of the cells ("Zwickel") where later the intercellular spaces are formed.

Strugger's methods not only seem to prove the continuity of the protoplasm through the plasmodesmata, but can probably also be successfully applied to other problems connected with plasmodesmata such as their ontogeny, their occurrence in outer walls of epidermal cells and, possibly, their functions (especially transmission and excretion of substances).

Henkel, P. A.. 1950: The Adaptive Significance of Dormancy in Plants. (Abstr.) Internat. Bot. Congr. Stockholm 1950.

Huber, B.. und R. W. Kolbe. 1948: Elektronenmikroskopische Untersuchungen an Siebröhren. Svensk. Bot. Tidskr. 42. 362—371.

— E. Kinder, E. Obermüller, und H. Ziegenspeck. 1956: Spaltöffnungs-Dünnstschnitte im Elektronenmikroskop. Protoplasma 46, 380—393.

Lambertz, P., 1954: Über das Vorkommen von Plasmodesmen in den Epidermisaußenwänden. Planta 44, 147—190.

Laubert, R.. 1897: Untersuchungen von pflanzlichen Zellmembranen auf eine Durchlöcherung mittels Protoplasma einschließlich einiger strittiger Fälle über den Nachweis von Protoplasmaverbindungen. Dissert. Göttingen.

Scott, F. M., and M. Lewis, 1953: Pits. Intercellular Spaces, and Internal "Suberisation" in the Apical Meristems of *Ricinus communis* and other plants. Bot. Gaz. 114, 253—264.

— K. C. Hammer. E. Baker. and E. Bowler 1956: Electron Microscope Studies of Cell Wall Growth in the Onion Root. Amer. J. Bot. 43. 313—324.

Strugger, S.. 1956: Die Uranylacetat-Kontrastrierung für die elektronenmikroskopische Untersuchung von Pflanzenzellen. Naturw. 43. 357—358.

— 1957 a: Der elektronenmikroskopische Nachweis von Plasmodesmen mit Hilfe der Uranylimprägnierung an Wurzelmeristemen. Protoplasma 48. 231—236.

STRUGGER, S., 1957 b: Elektronenmikroskopische Beobachtungen an den Plasmodesmen des Urmeristems der Wurzelspitze von *Allium cepa*; ein Beitrag zur Kritik der Fixation und zur Beurteilung elektronenmikroskopischer Größenangaben. Protoplasma **48**, 365—367.

TORIYAMA, H., 1953: Observational and Experimental Studies of Sensitive Plants. I. The Structure of Parenchymatous Cells of Pulvinus. Cytologia **18**, 283—292.

— 1954 a: II. On the Changes in Motor Cells of Diurnal and Noctural Condition. Cytologia **19**, 29—40.

— 1954 b: III. On the Epidermal System of the Pulvinus and Leaflet. Cytologia **19**, 286—298.

— 1955 a: IV. Some Findings on the Structure of the Epidermal System and the Cortex of the Petiole. Cytologia **20**, 237—246.

— 1955 b: V. The Development of the Tannin Vacuole in the Motor Cell of the Pulvinus. Bot. Mag. Tokyo **68**, 805—806.

— 1955 c: VI. The Migration of Potassium in the Primary Pulvinus. Cytologia **20**, 367—377.

WEIS, A., 1926: Beiträge zur Kenntnis der Plasmahaut. Planta **1**, 145—186.

ZIEGENSPECK, H., 1953: Anlage und Teilung der Tüpfel des sich stark streckenden Grundgewebes im Lichte der Dichroskopie. Phyton (Ann. Rei. Bot.) **4**, 300—310.